新手父母

權威中醫博士不藏私傳授30餘年臨床調理法

# 備孕、養胎、坐月子
# 中醫調理照護全書

Dr.Nice中醫連鎖體系總院長
中國醫藥大學中醫所博士
陳潮宗——著

目錄

輯二

# 懷孕期 養胎不養肉！

輯三

# 坐月子 吃好，睡好，「坐」的好！

## 輯四

# 出關後 女人最關心的變美大小事

## 21 層出不窮的皮膚狀況

# 推薦序・壹

文・林昭庚中醫師
中央研究院院士／中國醫藥大學中醫系講座教授／中醫師公會全國聯合會名譽理事長

## 讓計畫懷孕、孕產期及坐月子的媽咪都快樂地坐好月子

坐月子對女人來說是一個非常重要的時機，常聽長輩說月子做不好，會有頭痛、腰痛等毛病出現，我們不僅要避免這些疏忽，也要趁著坐月子的時間，將生產前的一些毛病祛除，也能將身體調養回來。

懷孕是一場驚喜且難得的過程，對女性而言，生理、心理都將面臨前所未有的挑戰。本書針對想備孕、懷孕及產後媽咪們所面臨到的疑難雜症，讓媽咪讀者們能輕鬆面對問題平安度過二百八十天的日子，迎接寶寶的到來。

中國人對坐月子的禁忌非常多，諸如不能洗頭、不能吹風、不能洗澡、不能抱小孩、爬樓梯、不能長時間看電視及看書……等。其實這麼多禁忌，最主要的目的是要新手媽咪能夠在歷經十個月懷胎過程中，保留一段完整的時間來專心休養、充分補充懷孕期間所流失的精神跟體力。同時，禁忌中有些是因早期生活條

件不佳，為了避免產婦不小心受到風寒及感染，所以才要求媽咪們完全禁止。但在現代醫學、科技發達的時代，有不少諸多傳統禁忌已不合時宜，如產後沐浴、洗頭注意保暖、產後不吹風等禁忌，現在可以用現代醫療理論、科技來加以修正和調整，減少產婦坐月子期間的辛勞。

所以，現代的女性朋友們可以先了解坐月子的精神宗旨，就能選擇並規劃符合自己的坐月子方式，也可針對不符合現實的規範與禁忌做適當的調整，將坐月子的優點發揮到最極致，並透過事前的溝通，讓每位關心自己的家人都不再感到困擾，如此兼顧尊重文化儀式，也能降低家庭成員的觀念衝突，使每位成員都能重新確認自己的角色，恢復婦女身心平衡及家庭重整，達到產婦產後健康及身體調養。

陳潮宗中醫博士利用專業知識和優勢，撰寫出這本書主要是希望這本書能讓每位產婦都快樂地坐好月子，家人之間也能輕鬆幫忙，讓這段時間並不算長的日子，成為大家一輩子的美好回憶。

最後，希望透過這本書，能讓大家分享平安與喜樂，讓計畫懷孕、孕產期及坐月子的媽咪們找到坐月子的方向。

| 推薦序・貳 |

文・戴承杰中醫師
戴承杰中醫診所院長／台北醫學大學醫學院醫學系兼任教授／
台北醫學大學附設醫院傳統醫學科主任／台北醫學大學附設醫院婦產科更年期科主任

# 傳遞孕產期間養出好體質的保健智庫

女性從成長、結婚到生子，面對人生中重重的考驗，如何讓身心做好準備與調適，都是一門學問，等到當了父母，才是學到真的功夫。來自產婦心理層面的育兒壓力，是需要兩人同心協力，才能幫助有產後情緒的產婦度過難關。

中國人對「坐月子」的禁忌非常多，諸如不能洗澡、洗頭、提重物、爬樓梯、不能吹風等禁忌，主要的目的是要新手媽媽能在歷經十月懷胎辛苦歷程後，能保留一段時間來專心休養，補充懷孕期間所流失的體力與營養。

現代婦女了解「坐月子」的宗旨，規劃出符合自己的「坐月子」方式，針對不符合現代的規範與禁忌做適度的調整，將坐月子儀式發揮到最大功效，並透過事前的理性溝通，讓關心的家人不再感到困惑，這樣才能兼顧尊重傳統文化儀式，也能降低家人間的觀念衝突，使每一個成員都能重新確認自己的角色，恢復婦女身心平衡及家庭重整，達到產婦產後健康的維護和身體調養。

本書作者陳潮宗中醫博士，擁有三十多年豐富的臨床經驗，幫助許多不孕的夫妻完成求子夢想，如今他憑藉著嫻熟深厚的中醫專業知識，融合傳統與現代知識菁華，以深入淺出的筆調編寫出此書，目的在於為廣大民眾傳遞如何在孕期間養出好體質、正確的產前衛教、坐月子調護及產後疾病防治等知識，其中內容由淺入深，條理分明，並提供陳醫師多年臨床經驗中實際案例與讀者分享，內容相當豐富。

好的書會讓讀者受用無窮，期待讀者在閱讀此書時，能參考其中教導的方法，溫和備孕、安心坐月子，順順當當的度過女人生命中一個最特殊的時期。我十分誠摯地推薦給大家，希望此書能成為婦女朋友的健康守護神，也是一生的保健智庫，永遠讓婦女朋友們健康又快樂！

# 請告訴自己「我能成為好媽媽！」

HI！各位女孩們！

當妳閱讀這本書的時候，我相信妳正在從一個女孩，逐漸走向成為一個女人的路上，先恭喜妳已經走到這裡。我最為妳感到開心的是，妳的人生即將迎接一個全新的階段。

也許現在的妳有很多未知與徬徨，亦或是期待卻帶點恐懼。這一切，在看見孩子天真無邪的笑容時，都將化成無比的幸福感。雖然在睡眠不足、疲勞不堪的時候，仍會畏懼照顧孩子的辛苦，將不斷地無限地循環著，甚至開始希望孩子快點長大。

千萬別為這種想法與心態感到愧疚與擔心，這是每個人、每個身為母親的女性，都會歷經的心理階段。無論如何，請先告訴自己「我很棒，絕對可以成為一個很好的媽媽！」並經常對著鏡子，給自己信心與勇氣。就算因為第一次換尿布而感到手足無措，或面對半夜精力充沛的新生兒而感到無奈時，都應該這樣對自己說。

身為一個新手媽媽，妳可能會有很多疑問，很多人會問我「根本不知道怎麼開始，又如何成為一個很稱職的母親呢？」其實，天下沒有任何人是與生俱來就知道如何成為母親的，哪怕是腦子裡充滿醫學知識的醫護人員，也是從零開始、慢慢摸索。試著讓自己的身心融入角色，透過不斷學習，才能與孩子一起成長。

臨床上，我見過很多新手媽媽，為了照顧小孩而睡眠不足、身心俱疲，每天都籠罩在負面情緒中，甚至心理影響生理（如乳汁不足）。我明白媽媽們求好心切，但可別在無形中給自己太大壓力了，要是無從釋放，只會覺得很沮喪、很不快樂。

在我母親的那個年代，一個家生四至六個孩子是很常見的事情，如果問老一輩、當過媽媽的人：如何照顧好那麼多孩子（她們往往還要照顧長輩）、有沒有什麼秘笈可以參考，像我母親肯定會說「我哪有什麼秘笈！孩子剛生下來，我也是手忙腳亂啊，雖然很辛苦，但可能是母愛讓我克服了很多事，我只希望孩子健康平安，不知不覺就慢慢養大了！我也不是天生就懂得顧孩子的人。」

人生路上，不僅是養兒育女，很多事情就是邊做邊學，慢慢得到經驗，就會熟練起來、自然也會越做越好。放輕鬆，一切都會熟能生巧。**希望這本書能帶給各位讀者一些基礎知識，並降低不安感，克服在成為新手媽媽的路上的任何困難**。預祝各位求子順利，養胎順利，生產順利，母胎都健康平安。

〔輯一〕

# 備孕期

# 養出好孕體質！

01

# 養肝補血，大姨媽不再愛來不來！

肝臟有藏血的功能，「血不足」會讓女性生理期變得不規律。吃綠色蔬菜，可以算是一種補血的方法。在五行的歸類上，青色屬肝膽之色，對應到的味覺是「酸」，所以有些青色食物吃起來感覺酸酸的，這類食物多半有緊縮肌肉的作用，對人體的肝、膽和眼睛都有幫助。

## 養肝第一步，搞懂中醫的「肝」是什麼？

多數人對肝臟的第一印象，似乎是「解毒」的功能，正如耳熟能詳的廣告詞「肝若好，人生是彩色的；肝若壞，人生是黑白。」中醫論點的肝，並不限於肝臟這個器官，其生理作用概念較為廣泛。所謂「肝主疏泄」與自律神經系統功能活動有關。「肝失疏泄」或稱「肝鬱氣滯」則與交感神經相對抑制、副交感神經功能亢奮相一致。

自律神經和激素對於肝臟的血液循環、膽汁分泌，具有調節的作用。在交感神經維持一定程度的興奮，肝血管、肝血竇（毛細血管）保持適當的緊張度，能促使肝臟血液流回心臟。若交感神經過度亢奮，使肝血管和肝血竇過度緊張，很可能會導致高血壓、頭痛、失眠等現象。

肝有「喜調達、惡抑鬱」的本性。喜調達，是指肝氣宜舒暢通達，才能維持正常的功能。若肝氣鬱結（積聚不舒暢），就會出現胸脅（指胸部兩側）滿悶，脅肋脹痛、抑鬱不樂等症狀。中醫也認為「肝者，將軍之官，謀慮出焉。」謀慮，指的是精神意識的範疇，也就是說，人的精神情志等活動，除了為心所主宰之外，與肝也有著密切關係。

## 脾氣大、情緒差，肝的運作受牽連

中醫典籍指出「治怒為難，惟平肝可以治怒。」此說法與現代醫學臨床研究發現「生心理互相影響」有著異曲同工之妙。肝為剛臟。剛，是剛強急躁的意思，用來比喻肝臟的生理特性。古人在臨床發現，大怒以後，往往會影響到肝臟的正常功能活動，即所謂「怒傷肝」。

若一個人的性情急躁、容易動怒，經常會用「肝火太旺」、「火氣很大」來形容，就是在說明肝具有剛強躁急的特性。一個人容易生氣、忿怒、肝火太旺、火氣很大，或在家庭中、工作上達不到預期的目標，以致情緒不順遂，終日鬱鬱寡歡，常常會連帶影響肝的正常生理運作。

「氣有餘便是火。」肝的本性喜疏洩、調達，若情志不暢的話，往往肝氣鬱結，久鬱化火，火的性情急迫且上炎，侵犯其他臟腑的正常生理反應，而表現出外在的病症。因此大怒傷肝則面色青，口唇青紫，正是體內有氣滯血瘀、血循環不良的因素。一旦經脈阻滯不暢，常見到患者胸腹部有瘀痛感、常感到胸口悶悶的，需要嘆一口很大的氣，才會感到舒服。

## 青色食物調養法：養肝、壯膽、顧眼睛

中醫認為「青」對應到人體的肝臟部位，而五行中肝又屬木，木主司生長發育和亢進的功效。肝臟有藏血的功能，人體的血不足時，就不能養木，也就是不能提供肝臟所需的養分，在這種情況下，眼睛可能會感到酸澀、眼花等不舒服的症狀。血不足連帶會讓女性的生理期變得不正常或不規律。不僅是女性生理期的調養，產後的調理復原與肝

臟也有著很密切的關係。

把肝養好，對於女性的情緒與月經有直接幫助，不只能使月經周期變得規律，還有助於減少經前乳房脹痛、煩躁感、焦慮感等經前症候群的症狀。對於有乳腺增生的女性來說，經期前更容易肝鬱氣滯，即為中醫所說的「肝氣不通」，因而導致乳房脹痛加劇或氣血不穩定。

情緒經常處於緊繃狀態的人，不論是抑鬱低落或急躁易怒，都會造成自律神經功能紊亂、肝臟微循環障礙，引起脅肋脹痛，更進一步造成食欲不振、嘔吐、腹瀉等腸胃道功能狀況，持續惡性循環便會衍生慢性肝炎、肝硬化、慢性膽囊炎、上消化道出血等症候，所以避免情緒緊張、養成良好與規律的作息，是養肝的首要目標。

其實，吃綠色蔬菜吸收養分，也可以算是一種補血方法。在五行的歸類上，青色屬肝膽之色。青色，是一種介於藍色和綠色之間的色彩。對應到的味覺是「酸」，所以有些青色食物吃起來感覺酸酸的，這類食物有緊縮肌肉的作用，對人體的肝、膽和眼睛都有幫助，常見的奇異果、檸檬、綠豆、黃瓜、綠花椰菜、菠菜、芹菜等，都是很不錯的選擇。不過，有些食物酸味高（如檸檬），吃太多或空腹吃可能會傷胃、感覺不舒服，所以建議最好在飯後飲用或食用。

## 備好孕 TIPS 養肝補血的 3 種食物

### 芹菜

芹菜有其特殊的香味，作用是平肝清熱、發汗解熱，有助穩定血壓和通血路。其中，除了含有豐富的維生素 C、D、$B_1$、$B_2$ 和葉酸外，還有鈉和鉀等礦物質，此類物質遇熱後會起化學變化，所以煮湯的時候特別香。芹菜可以作為主要的配菜，用來炒花枝、肉絲或煮湯都可以。

### 牡蠣

牡蠣是一種性寒、味甘鹹的食物，主要入肝腎兩經，有滋陰養血、消除煩熱與緩解失眠症狀的功用。不過，吃牡蠣肉的時候要特別留意，最好要加上適量的薑和醋等佐料來殺菌。

### 菠菜

菠菜有「蔬菜之王」的美稱，不僅維生素 A 含量居所有蔬菜之冠，亦富含眾多營養成分，包括維生素 K、葉酸、草酸、礦物質和蛋白質。菠菜最營養的部位是紅色的頭（根部的甜菜紅素），所以調理時建議把根部保留、清洗乾淨，稍微汆燙或熱鍋快炒就要趕快起鍋，以免天然的養分被破壞。

02

# 養心解熱，促進循環顧胃脾

心主掌「血流」，而與血流關係最密切的臟腑為肝臟和脾臟。中醫觀點認為，血是運行於脈中而循環流注全身、富有營養及滋潤作用的紅色液體，是構成人體和維持人體生命活動的基本物質之一，是水穀精微（食物中的營養物質）由脾胃所化生出來的。

## 養心第一步，搞懂中醫的「心」是什麼？

中醫理論所說的心和西醫不一樣。所謂「心主神明」，神明，即指人的精神活動和思想意識的表現。日常對話時，經常會提到的「心領神會」、「心情舒暢」、「全心全意」等，都和心主神明的概念有著高度聯繫。所謂「心主身之血脈」，則是說心臟是循環系統的主要臟器，全身血脈統屬於心。

心主掌「血流」，而與血流有關的臟腑為肝臟和脾臟。在中醫觀點認為，血是運行於脈中而循環流注全身、富有營養及滋潤作用的紅色液體，是構成人體和維持人體生命活動的基本物質之一，是水穀精微（食物中的營養物質）由脾胃所化生而出來的。血液之所以能在血管內循環，全靠「心氣」的推動。

正是因為「心主血脈」，心會朝向全身各部位各組織輸送養料，以維持正常生理機能。又同時「心主神明」，因為心做為精神思維活動的中樞，所以身體的其他臟腑和器官，都是在心的領導下，進行既分工又合作的運作，得以保持體內的協調和統一。

近年來，不少學者對「心主神明」、「心主血脈」的物質基礎進行了研究，認為中醫所說的心，不僅是解剖學中的心臟，還包括「腦」的活動。心主神明的功能與大腦和整個神經系統的環核苷酸相對平衡有關。心主血脈與心肌細胞中的訊息傳遞物質cAMP（環腺苷酸）／cGMP（環磷鳥苷）和核酸代謝有關。還有研究發現，心陰虛病人全血膽鹼酯酶顯著偏低，這可能是心陰虛的物質基礎。

## 血汗同源，盜汗竟是「心虛」的表現之一？

中醫認為血與汗雖名不同，但來源相同。例如，一個人精神狀態高度緊張時，往往會出汗增加，正與「心主汗，汗為心液」的論點有所關係。天氣熱出汗理所當然，但在涼爽的環境、靜止狀態仍不停流汗，就可能是「心氣虛則自汗」。此外，心陽虛則汗淋漓、心陰虛則陽氣浮動、汗液隨之外泄等異常出汗、盜汗等現象，均與心有關。

赤色為暑熱之色、心與小腸之色。心不好最主要、最具代表性、最典型的表現是熱證，這是由於絡脈中血液充盈所導致。熱證可能會因為感受熱邪（外在因素）或陽氣亢盛、陰液不足（內在因素）所引起。赤甚為實熱，微赤為虛熱，常見如：

- 氣血得熱則行，熱盛而血脈充盈，血色上榮，故「面色赤紅」。
- 「目赤紅腫」多屬風熱肝火。「牙齦紅腫疼痛」多屬胃火上炎。
- 「咽喉紅腫」而痛，甚則潰爛或有黃白色膿點，多屬肺胃熱毒壅盛。
- 紅舌主熱證。「舌紅苔厚」多實熱。「鮮紅少苔」或無苔，為陰虛火旺。「舌紅而乾」為熱盛傷津。「舌尖紅」為心火。

一般而言，呈現滿面通紅、身上發熱、口渴、精神昏迷、意識模糊、講話口齒不清的症狀時，應屬於外感發熱或臟腑陽盛的實熱症，多見於一切急性傳染病的高熱期。若僅有顴部（兩頰）潮紅，特別是在下午三、四點的時候，常感到有股熱意從骨子裡蒸發出來、有盜汗症狀等，多屬於陰虛內熱。

## 赤色食物調養法：補血、生血、活血

在五色理論中，赤色對應到人體五臟六腑的心和小腸，若論季節則對應夏季，屬於五行中的火，為五味中的苦味食物。夏季的市場是一年之中陽氣最旺，萬物最為繁榮、秀麗的季節。換句話說，赤色食物大都具有溫熱、能量高、陽氣足的特性。

此外，赤色食物多半具有補血、生血、活血及補陽的功效，因而適用於虛證及實證，如形體瘦弱、臉色不光潤、貧血、心悸、四肢冰冷、手足無力等症狀。一般常見赤色或偏赤色食物，且偏溫性的食材藥材有丹參、紅花、蘋果、牛肉、羊肉、櫻桃、荔枝、龍眼肉，紅豆、西瓜、馬齒莧則偏涼性。

好孕備 TIPS

## 養心顧胃脾的 2 種食物

**紅棗**

根據中國草藥書籍《本經》記載，紅棗味甘性溫、歸脾胃經、有補中益氣、養血安神、緩和藥性的功能。現代藥理學亦發現，紅棗富含維生素 C 和 A、蛋白質、脂肪、醣類等營養成分，具有保護肝臟，增強體力的作用，並能改善胃部虛弱、食欲不振、脾臟功能不好、心律不整等虛證。

**紫山藥（紅薯山藥）**

不同於白色肉質的山藥（乾燥後為中藥淮山），紫色山藥皮粗糙呈灰黑至紫色，肉則為鮮紫色。紫山藥營養價值高，富含蛋白質、脂肪、糖、磷、鈣、鐵、胡蘿蔔素、維生素 $B_1$、$B_2$ 和 C 等人體需要的營養物質。適用於緩解腹瀉、便秘、便血、夜盲、體瘦虛弱無力、腰膝痠軟等症狀。

近幾年來，紅麴食品在國內保健食品的市場中大放異彩，有越來越多研究顯示紅麴的保健功效。紅麴至今已有將近一千多年的歷史，紅糟肉、紅糟鰻、紅麴醋或紅麴酒等，都是以紅麴入菜、民眾接受度高的料理。

紅麴的功效不外乎是活血化瘀、健脾消食、抗慢性發炎、預防慢性疾病、治產後惡露不盡、瘀滯腹痛、跌打損傷等症狀，其中又以降低血脂、降低膽固醇、預防心血管疾病的訴求，最為打動人心。

值得注意的是，膽固醇並非一無是處，它是性荷爾蒙、類固醇及膽酸等物質的前驅物，也是動脈管壁內皮細胞的潤滑物質，所以並不建議發育中的兒童及青少年、懷孕中、哺乳女性食用紅麴或相關製品。

紅麴最主要作用是降低膽固醇、預防心血管疾病。
但懷孕中、哺乳女性仍不建議使用。

# 03

# 調經養卵子，調體質養子宮

古人認為「求子之門，首重調經。」對任何想要懷孕的女性來說，調好經期、調好體質是很重要的事。每個月的月經都「按時」來潮，也代表著體內荷爾蒙的穩定。一般來說，月經周期與月經量正常的女性，排卵也會相對正常。此外，子宮是胎兒生長發育的地方，體質調整好後，子宮環境也會跟著改善。

## 懷孕不是單方責任，男女必須共同努力

隨著時代的快速變遷，經濟獨立的女性越來越多，晚婚成為時下趨勢。不少大齡女子，在婚後面臨不小的生育壓力，不論是來自老一輩傳宗接代的催促或自我的期待。普遍的醫學定義而言，三十四歲以上的懷孕女性就稱為高齡產婦，不論是對母體或胎兒，其懷孕風險都高於一般妊娠，且孕期併發症與胚胎畸形率相對增加。

女性卵子的生成，是從胚胎時期就開始了，其數量一般會在胎兒滿三十二周時達到最高峰，約有六、七百萬個濾泡，從此之後，濾泡數便會越來越少。胎兒出生時，還有約一、二百萬個，到了青春期、初經來潮時，大約只剩下二十至四十萬個濾泡。一位正常的女性，一生中大約會有五百次排卵的機會，每一次會排出一顆卵，其他未能排出的濾泡都會因為自然萎縮而消失。

即使在現代社會，仍有不少人把懷孕這件事的責任全部歸於女性，很多男性會覺得去檢查就代表雄風不足、沒面子，這種觀念是錯誤的。懷孕是夫妻雙方的事情，都必須進行孕前檢查，才能事半功倍。

根據統計數據，國內大約每七對夫妻，就有一對面臨不孕的問題。研究指出，導致不孕的原因為女性引起約占40至55％，男性引起約占25至40％，男女都有問題約10％，不明原因則有10％。至於造成女性不易受孕的因素，以「排卵功能障礙」及「輸卵管和骨盆腔異常」為多，各有30至40％，再來才是子宮內膜異位（6％）、子宮頸異常（5％）、其他或不明因素有10％之多。

## 從經期（前）症候群來看體質屬性

月經周期長期不正常、忽長忽短，加上月經量很少、經常痛經等，很可能是所謂「宮寒」，也就是現代醫學說的「排卵障礙」。宮，就是子宮。子宮就如同胎兒居住的宮殿，如果地方寒冷難耐，就會影響生長發育，住得不舒服，胎兒就容易留不住。

有些女性在冬令時分容易感到手腳冰冷、發麻，這是由於氣血新陳代謝率低，所造成末稍血液循環不良，屬中醫「虛證」之範疇。此外，若時常覺得身體有煩熱感、口乾舌燥，伴隨有便秘症狀等，則是由於氣血過於旺盛，新陳代謝率高所造成，屬中醫「實證」之領域。中醫辨證將宮寒分為五型，可以從經期或經前症候群來判斷：

### 寒瘀凝滯型

月經來潮前或經期，小腹冷痛，熱敷局部後疼痛減輕。經血色呈紫黑且伴有塊狀、經血量少、四肢不溫、怕冷、腰膝痠軟等。

### 氣血虛弱型

月經期或經後，小腹隱隱作痛、月經量少、經色淡、質稀薄，常有頭暈目眩、精神差、全身無力、臉色慘白、食量少、大便稀溏（稀軟、不成形）等。

**肝腎陰虛型**

月經期或月經後一、二日內，小腹仍隱隱作痛，並經常伴隨有腰部痠脹、頭暈、心悸、失眠、多夢等情形。

**溼熱下注型**

月經前及經期時，小腹冷痛拒按（指按壓時痛感加劇）、有灼熱感，伴隨有腰部脹痛、白帶黃稠、腥臭，經血色暗紅等。

**氣滯血瘀型**

月經來前一、二日或經期間，小腹脹痛，經血量少，經血色呈紫黯有塊，血塊排出後疼痛可減，伴有精神抑鬱、胸肋及乳房脹痛等。

## 從吃開始，提升「卵」實力！

女性多吃穀物和豆類可以補充雌激素，還能輔助濾泡的發育，促進正常排卵，增加受孕的機率。穀物可選擇大麥、玉米、燕麥、小麥等；豆類則包括黑豆、紅豆、綠豆、豌豆等，其中黑豆對於濾泡發育是最好的，含有豐富的優質蛋白質和脂肪及碳水化合物，也有較多的鈣、磷、鐵等礦物質，胡蘿蔔素及維生素$B_1$、$B_2$、$B_{12}$等多種人體所需的營養素。

卵子的正常發育少不了維生素C的參與。富含維生素C的食物很多，蔬菜如韭菜、菠菜、青椒、黃瓜、小白菜、綠花椰菜等；水果則有鮮棗、奇異果、山楂、柚子、草莓、橘子、檸檬等。

很多女性屬於寒性體質，平常容易手腳冰涼、月經失調，或生理期有寒性腹痛、血塊多，有這些情況通常是濾泡發育較差，喝點黑糖薑茶，可暖宮及促進新陳代謝。

綠豆

紅豆

黑豆

燕麥

大麥

小麥

女性多吃穀物和豆類可以補充雌激素，還能輔助濾泡的發育，
促進正常排卵，增加受孕的機率。

胎兒的形成就如同做一塊好豆腐般，必須有優質的黃豆和水，否則手藝再好的師傅，也很難做出等級高的豆腐。所以老中醫很強調一個觀念——男性要「養精」，女性要「養血」，其目的就是在提升精子與卵子的品質。注重精子與卵子品質的優生觀念，中西醫說法亦有相符之處，以西方優生學的角度來看，女性最適合生育的年齡為十五至二十六歲，因為此時女性製造出來的卵子品質最為精良。

值得一提的是，女性體內有多少卵子是一出生就決定的，女性年紀越大，卵子品質就會越差，受孕機率自然就會降低，故提醒想生個優質寶寶的現代夫妻，想懷孕生子還是盡早。其他養卵應避免之事項有：

**✕ 肥胖**

控制體重在正常範圍內，避免肥胖導致內分泌失調，影響懷孕或提升產後併發症發生率。

**✕ 負能量**

充足的睡眠、良好的心情和避免負面情緒干擾，有助於穩定內分泌與荷爾蒙的正常。

**✕ 久坐生活**

進行規律運動（每周至少一百五十分鐘）。每日飲水量兩千毫升，有助於新陳代謝。

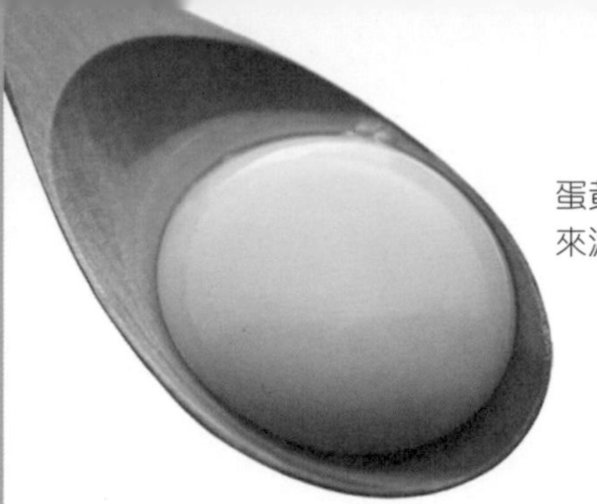

蛋黃是維生素 D 的健康食物來源之一。

## 從吃開始，養「精」蓄銳！

男性精子中含有鋅，鋅會影響精蟲的活動力，同時以可以保護精蟲。補充含鋅的食物，有助提升精子濃度，除此之外，維生素C、維生素E、硒等，都有利於精子成長，具有保護作用。新鮮的綠色蔬菜、水果中含有維生素C，其中又以芭樂、奇異果、橘子、柳橙含量最高，蔬菜建議多吃菠菜、空心菜、韭菜、綠花椰菜。魚類、貝類及蝦蟹類中，都富含硒及鋅。精胺酸則能增加精子和卵子的結合率，可以透過豆類、海鮮、肉類、蛋類來攝取。

堅果、魚類中富含 Omega-3 脂肪酸，有利於提升精子的活動力與數量，其中堅果還有豐富的維生素E，如芝麻、核桃、南瓜籽等，都是很優質的來源。充足的維生素D能讓精子的活動力越來越好，正常型態的精子數量也跟著增加。曬太陽是獲得維生素D最簡單的方法，食物則可選擇鯖魚、蛋黃。葉酸與精子的健康有關，和鋅一樣都是人體合成 DNA 的必須物質，兩種一起補充，能提升精子濃度，增加正常精子的比例，其他養精應避免之事項有：

## 養精避免 4 件事

### 高溫環境

高溫會傷害精子，還抑制精子生成，三溫暖、蒸氣房、緊身褲、手機等都會提高陰囊溫度，傷害精子。

### 菸酒

不論抽煙、喝酒都是導致精子數量下降的主要因素，此外也會降低精子的質量，應該盡量避免。

### 壓力

心理影響生理，過多的壓力會影響精子品質，所以要盡量放鬆心情、找到舒壓管道，如運動、聽音樂。

### 肥胖

肥胖使腹股溝溫度升高，影響精子成長，造成不孕體質。所以體重要控制在正常範圍內。

# 04

# 身心平衡，提高自然受孕機率

身為一位行醫三十多年的中醫師，看過很多調整好心理狀態後就自然懷孕的例子，更正確的說法是「身心平衡」會提升懷孕率。處於高壓、緊張的狀態，輸卵管和輸精管都會跟著緊張起來，這會讓懷孕這件事變得更有難度。

## 算排卵期、量體溫，抓準最佳受孕時機

除了體質的調整之外，計算「排卵期」也是成功受孕的重要因素。排卵期是指卵巢排卵的期間，排出的卵子沒有受精的話，就會跟著增厚的子宮內膜剝落、排出體外（經血），若卵子有受精，就會在子宮著床、形成胚胎。透過排卵期可以推算容易受孕的「危險期」，也就是「易妊娠期」。以多數女性情況、月經周期為二十八至三十天而言，大約會落在下次月經來潮首日的前第十二至十七天之間。但使用這種推算方式必須是月經周期規律的女性，而且最好有六個月以上的經期記錄。

月經周期不是很規律、較難推測排卵期的女性，建議可以採用「基礎體溫測量法」，最好準備懷孕前半年就開始每天量測，以便清楚了解自己的排卵日，來預估可能受孕的時間點。基礎體溫（BBT）是指在長時間（約六至八小時）睡眠之後、尚未進行任何活動前的體溫，通常是一天之中體溫最低的時候。量測基礎體溫目的是要觀察極為細微的溫度變化，所以需要使用基礎體溫專用溫度計。

基礎體溫可以從月經來潮時開始測量。每天早上醒來後、下床前，量測舌下體溫五分鐘，並加以記錄。習慣睡到中午的貴婦，可以早上六、七點量好體溫後，再繼續睡。因為說話、運動（起身下床）、情緒波動、吃東西等，即使動作很細微，都可能會影響體溫的變化，所以建議把溫度計放在枕下、床頭櫃或邊櫃等，睜開眼睛就容易取得的位置。

正常情況下，處於生育年齡階段的女性，在排卵時基礎體溫會降低，排卵後一天就會升高，等到體溫升高時，排卵可能已經發生了。非排卵期的基礎體溫約在36.5℃左右，排卵日則可能會降低至約36.2℃，體溫最低時，就是受孕的最佳時機。另外，由於整個懷孕過程都會處於高溫狀態，若之後基礎體溫升高到36.7℃，且一直持續超過十九天，很可能就是受孕成功了。

## 別讓輸卵管、輸精管緊張兮兮

曾經有位年約二十八歲的女性，身材適中，清秀而乾淨的臉孔帶著淡淡的憂鬱。她第一次來我這裡看診，說是聞名而來。那時，她手裡還拿著很大一疊的荷爾蒙檢驗報告，有她的，有她老公的。她說自己曾經是多囊性卵巢症候群的患者，為了得到一個孩子，中醫看遍了，西醫看遍了，多年過去都「肚子」都沒有消息。

從言談中可以得知，夫妻雙方的長輩都很著急，逢年過節都在催促著要快點抱孫子，無形中讓他們感到很有壓力。

這對夫妻歷經了長達三年的求子之路，早就把每一次的排卵期當做是「例行公事」，使命必達。只是日子久了，心力交瘁，負面情緒日漸累積。她很坦誠的說「我這次來找陳醫師，其實是死馬當活馬醫，沒有抱太大希望。」

問診過程中，我仔細看了他們夫妻最近的荷爾蒙檢查報告，發現以荷爾蒙的指標來說，當時的她並不是多囊性卵巢症候群，身體狀況還算蠻正常的。而且她月經來得很規律，體態也不胖。丈夫的精子檢查報告也都正常的。經過看診和她帶來的檢查報告，我判斷，他們是可以自然懷孕的，只是雙方都太緊張了。

處於高壓、緊張的狀態，輸卵管和輸精管都會跟著緊張起來，不僅讓懷孕這件事變得更有難度，也會影響精子和卵子的品質。於是，我在診間整整花了一個小時的時間來開導她，目的是要讓她知道：他們夫妻檢查報告都「很正常」，只要「放鬆心情」、「相信自己」，一定可以自然懷孕。

眼前最重要的，絕對不是到處求診、做檢查，或一遇到排卵期就趕著「交功課」，而是要盡量放鬆心情，像是培養一些喜歡的興趣或嗜好，逛街、運動、追劇都可以，然後搭配均衡飲食、規律運動、充足睡眠，其他的順其自然就好。

這一個小時確實花的很值得，看診結束後，她似乎變得比較開朗，表情也沒這麼憂鬱了。又過了一個月，我收到她發來的訊息「懷孕了！」後來，還不斷地向我表達謝意。她說，自己看完診那天回家後，就不斷的告訴自己和先生「我們很正常，一定可以自然懷孕。」一切順其自然就懷孕了。

# 一舉得男（女），不妨這樣試看看

早期多數人都抱持著「有子是有子命，生男生女是大命。」現代醫學發達，生男生女可以由科技來決定。不過，用科技來決定性別的方法，傷財之外，對身體的傷害更不在話下。就基因學而言，決定嬰兒性別的關鍵，在於生父貢獻的精子帶來的是X或Y染色體，和卵子根本沒有絲毫關係。但也有人說，情緒和壓力的調節程度，可能多少會影響胎兒的性別。

各種觀念眾說紛紜，只要不會造成傷害，都可以參考或嘗試。孩子是父母的心頭肉，生男生女都好，若真的很想一舉得男或一舉得女，男女雙方不妨從飲食、同房時機、中藥調理等方向去努力：

## 想生女孩這樣做功課

■ **同房時機：**排卵前三天禁欲，排卵日前一天同房。採女上男下體位。禁欲是要提高精子質量。精子在女性體內存活時間比卵子長，但帶Y染色體的精子生命力相對弱，排卵日前同房，等到卵排下來，存活的多是帶X染色體的精子。

■**中藥調理：**體質調理要以滋補陰血為主，如千金湯（當歸2錢、白芍4錢、熟地2錢、川芎3錢、何首烏3錢、紅棗3錢、香附1錢、牛膝3錢）。建議女性在非經期服用，每日一劑，每劑分為早、晚各一次。連續服用三個月為一個療程。

■**飲食指南：**女性可以多攝取動物性食品，如豬肉、牛肉、羊肉等酸性食物。男性則需要多吃蔬果類、菇類、海帶等鹼性食物。酸性食物會使女性陰道內呈酸性環境，而帶Y染色體的精子在酸性環境比較沒活力，有助於帶X染色體的精子進攻。

## 想生男孩這樣做功課

■**同房時機：**排卵前三天禁欲，排卵當天同房。避免太早同房，等到卵排下來，帶Y染色體的精子已覆沒。採男上女下體位，同房後女性雙膝抬高10分鐘，可加速精液到達子宮頸的速度。

■**中藥調理：**體質調理要以滋補腎陽為主，如種子方（當歸2錢、川芎3錢、白芍2錢、熟地3錢、巴戟天4錢、淫羊藿4錢、枳殼1錢、杜仲2錢、肉蓯蓉3錢）。建議女性在非經期服用，每日一劑，每劑分為早、晚各一次。連續服用三個月為一個療程。

**■飲食指南：**女性可以多攝取蔬果類、菇類、海帶等鹼性食物。男性則需要多吃動物性食品，如雞、豬、牛、羊、魚等酸性食物。當女性陰道環境呈鹼性，有利於帶Y染色體的精子存活。

## 想生女孩這樣吃

**女性多吃**

動物性食品，如豬肉、牛肉、羊肉等酸性食物

**男性多吃**

蔬果類、菇類、海帶等鹼性食物

## 想生男孩這樣吃

**女性多吃**

蔬果類、菇類、海帶等鹼性食物

**男性多吃**

動物性食品，如豬、牛、羊、魚等酸性食物

05

# 中西合作、精卵品質一起UP！

在傳統觀念裡，很多長輩會認為「備孕是女人的事」「不孕是女人的問題」，無論如何「男人絕對沒有問題」。這樣的迷思必須被破除。備孕是夫妻雙方必須共同努力的事情！只有女性努力調理體質、調整習慣是不夠的，因為男性的精子品質、數量和活動力，都會對受孕率造成關鍵性的影響。

## 什麼情況需要做檢查？

一般建議育齡期的男女，在婚前先做健康檢查，這樣就有利於婚後的備孕。對於月經周期正常、沒有月經失調或婦科疾病的女性來說，夫妻雙方可以先嘗試自然懷孕。同步可以選擇擅長婦科的中醫師，明白告知有備孕的需求，通過中藥材的調理，有助提升受孕率。中醫婦科多半偏重在調理女性荷爾蒙、提升排卵功能，進而幫助改善卵子的品質。至於男性的調理則會偏重提升精子的品質。

夫妻有正常性生活（在排卵期間進行），肚皮卻一年以上都沒消沒息，就建議去一趟生殖醫學中心，進行內分泌相關的檢查。男性主要是透過精液分析檢查精子的品質（包括數量、活動度、畸形率等）。女性主要則是抽血檢查內分泌系統、子宮輸卵管攝影、陰道超音波、卵子庫存量。

## 男性・精液分析

精蟲是男性體機中最小的細胞之一，卻擔負生命延續的重要使命。精液分析包含精蟲數量、活動力、外觀型態等分析，是目前評估男性受孕力最重要的依據。精蟲的產生至成熟約需七十二至七十五天，但由於會受到情緒、壓力、生活作息、習慣、飲食與工作環境等影響，所以精液分析不能只憑一次檢查就下診斷。一般建議調整生活習慣與飲食約一至三個月後，再次進行檢查，至少要有兩次檢查結果較為準確。檢查前禁欲二至五天即可，天數過短或過長皆可能造成檢驗誤差。

## 女性・內分泌系統（攸關排卵功能）

女性的內分泌系統與生育能力息息相關，某些荷爾蒙異常可能會影響排卵功能，一般備孕女性的建議檢查包括：抽血檢查內分泌系統及卵子庫存量檢查，如泌乳激素（PRL）、甲狀腺刺激素（TSH）及卵子庫存，以上檢查項目被視為排卵功能三指標，會配合月經周期來進行（如P49附表所示）。

- **泌乳激素（PRL）**：高泌乳激素血症是女性不孕很常見的因素之一。泌乳激素由腦下垂體分泌，其主要生理功能是促進乳腺分泌乳汁，但會與卵巢排卵荷爾蒙互相拮抗，泌乳激素太高，將會抑制排卵，進而導致不孕。
- **甲狀腺刺激素（TSH）**：甲狀腺功能低下常伴隨甲狀腺刺激素升高，因甲狀腺刺激素型態與排卵賀爾蒙（LH、FSH）相近，所以常導致排卵異常，故不孕的機率較高。另甲狀腺機能亢進對孕婦會造成孕期併發症，如流產、早產等。
- **抗穆勒氏管激素（AMH）**：抗穆勒氏管激素是由濾泡分泌的荷爾蒙，是評估卵子庫存量與卵巢功能的重要指標，隨著卵子數量減少而降低。卵子量於出生時就不會改變了，初生女嬰兩側卵巢約有一百萬顆卵母細胞，隨年齡漸長，卵子數量逐年減少。

| 月經周期 | 檢查重點 | 檢查目的 |
|---|---|---|
| **第 1 至 2 天** | 前期小濾泡及卵巢大小 | 卵巢功能評估 |
| **第 12 天** | 濾泡大小及數目 | 預測排卵日 |
| **第 12 天後** | 子宮內膜厚度 | 胚胎著床環境 |
| **月經乾淨時** | 子宮構造及大小 | 胚胎著床環境 |

| 檢查重點 | 月經周期 | 檢查目的 |
|---|---|---|
| **1 卵子庫存量檢查**<br>**2 抽血檢查內分泌系統** | **第 1 至 3 天** | **1** 卵巢功能評估<br>**2** 內分泌評估 |
| **輸卵管攝影** | **第 7 至 11 天** | 子宮環境和輸卵管是否通暢 |
| **陰道超音波檢查** | **第 11 至 14 天** | 子宮內膜厚度、濾泡發育情況、是否有器質性病變 |

## 女性・子宮輸卵管攝影

輸卵管是精子與卵子相遇的道路，輸卵管是否暢通會影響受孕率。輸卵管阻塞或水腫會增加子宮外孕的機率，若液態發炎物質流入子宮腔，將影響胚胎的著床與發育，提高流產風險。輕度炎症可以藥物治療。嚴重堵塞不只不易懷孕，也容易子宮外孕，故建議將阻塞積水的輸卵管做截斷或切除，並利用試管嬰兒技術，提高成功受孕的機會。

子宮輸卵管攝影是利用X光觀察輸卵管是否通暢及子宮構造是否異常，準確率達90％。建議在月經周期第七至十一天進行檢查（月經乾淨時），由於顯影劑對胚胎有不良影響，若預計於第十二天後檢查，則當周需要避孕。檢查過程是醫師由陰道經子宮頸將顯影劑緩慢注入子宮腔內，再透過X光照射觀察顯影劑分布情況，檢查約五至十分鐘即能完成，當天就可以知道結果。

## 女性・陰道超音波

陰道超音波不只能觀察子宮、卵巢及輸卵管構造，也能預測排卵日、測量子宮內膜厚度，同時能捉出子宮內膜瘜肉、巧克力囊腫等造成不孕的天敵。陰道超音波需要配合月經周期進行，不同時間有不同的觀察重點（如P49附表所示）。

## 找中醫或找西醫？中西合作可行嗎？

就我的看法而言，中醫和西醫的治療是可以同時進行。若上述檢查項目有問題，由於是現代醫學的範疇，當然優先採取西醫建議進行治療，必要時再輔助搭配中藥調理。西醫為主，中醫為輔，兩者搭配得當，效果更佳。

確實，也有部分西醫師會希望患者在治療期間不要搭配中醫調理。所謂「術業有專攻，隔行如隔山」，因為不懂中藥材、不確定是否會干預西藥的治療，所以多數西醫師會強調中藥西藥不要一起使用，我是可以理解的。不過，中西醫結合治療並非沒有臨床根據，如中國就有很多不孕的個案是中西醫結合治療，效果也很好。

客觀來說，中醫和西醫都有各自的觀點，在備孕或不孕症的治療過程中，中藥和西藥並沒有特別衝突的部分，中藥可以提升濾泡的質量，提升優勢濾泡的形成，也可以針對男性精子品質做提升。所以已有在進行西醫療程的人，不僅要尋找對婦科或內分泌有經驗的中醫師，就診時更要把相關的檢查報告和數據帶上，並告知基本情況，這能讓中醫師有充分的參考資料做評估。

就我在中醫臨床的觀察，結合其他國家臨床經驗與研究來說，只要中醫師對西醫生殖醫學的基礎理論是熟悉的，使用中藥材並不會對現代醫學的治療造成干擾或負面影響，甚至還有相輔相成的作用，如一些做試管嬰兒的夫妻，也非常適合輔助中醫調理，包括促排卵期間等，此外，中藥可幫助提升卵子和精子的質量，留住優勢濾泡有助於懷孕，夫妻雙方一起調理，試管嬰兒成功率也會變高。

〔輯二〕

# 懷孕期
# 養胎不養肉！

06

# 養身看體質，養生要及時

一句廣告詞說「一人吃，兩人補。」所強調的是母體營養攝取，對胎兒將有很深的影響，因為還在肚子裡的寶寶，養分來源全都靠媽媽。除了養胎外，孕婦養身與養生也很重要，當新生命悄悄在子宮中誕生，準媽媽就要開始為迎接新生命而努力了，千萬不要想說等到小孩出生再做打算。

## 依體質「挑食」，既養身也養生

簡單來說，養身偏向調理體質、維持身體機能，養生則是更著重於預防與保健，以期能強化或改善體質、防治疾病。以懷孕女性為例，均衡、清淡且適量的飲食習慣，絕對是孕期應該遵守的基本原則。孕期的體質變化大多數需要中醫辨證論治調整用藥，若能在懷孕前及孕期的初期、中期、後期，由中醫師辨分當下的體質特性，並給予飲食衛教或藥物調理，一定能夠既養身又養生。

為了提供胎兒養分，懷孕期間心肺功能會提高30至50％，處於高代謝的狀態，再加上黃體素、雌激素等孕期荷爾蒙分泌旺盛，易導致燥熱感、口乾舌燥、心煩、皮膚乾癢。就中醫觀點來看，體內陰液聚於養胎，陰液就容易不足，要是日常水分攝取不足，或有孕吐、食欲不振、睡眠不足、便秘等狀況，更會加劇體內陰陽失衡，造成身體生內火，俗稱「胎火旺」。此時，就建議食用滋陰降燥的食物，如白木耳、蓮子、綠豆、白蘿蔔、山藥、冬瓜等。

孕期女性的體質可以區分為「陰血虛體質」與「脾胃溼熱體質」，其飲食建議各有不同。陰血虛的人建議多吃紅豆、櫻桃、葡萄、蘋果，枸杞、紅棗。脾胃溼熱者則建議選擇茯苓、芡實、玉米鬚。

山藥

白木耳

蓮子

綠豆

白蘿蔔

冬瓜

孕婦體內陰陽失衡，造成身體生內火，也就是俗稱「胎火旺」。
此時，建議可食用滋陰降燥的食物。

## 陰血虛體質

中醫認為「陰血虛」體質是「陰血下注衝任，聚以養胎」所造成。懷孕期間臟腑的血液會聚集在衝任二脈，最重要的目的就是滋養胎兒，這樣的生理現象導致母體相對性「血虛」，其常見症狀有頭昏眼花、視物不清、耳鳴、四肢無力、心悸失眠、面黃唇白等。若合併有皮膚灼熱、口乾舌燥、便秘、痔瘡出血、心煩失眠、尿頻色黃等「陰虛」症狀，就是所謂的「陰血虛」體質。

透過飲食有助於調理陰血虛的症狀，絲瓜、白木耳、冬瓜、燕窩、蜂蜜、芝麻等，都是不錯的選擇，水果則建議多吃木瓜、蘋果、桑椹、草莓。值得注意的是，西瓜、哈密瓜、水梨、竹筍等涼性食物，不宜多食，真的很喜歡的話，除了要控制攝取量，也要慎選食用的時間，盛夏中午最為合適，晚上就不建議吃屬涼性的瓜類水果，以免引發腹瀉或痰多容易咳嗽。此外，過度貪吃冰品或涼性食物，胎兒可能會遺傳虛寒體質。

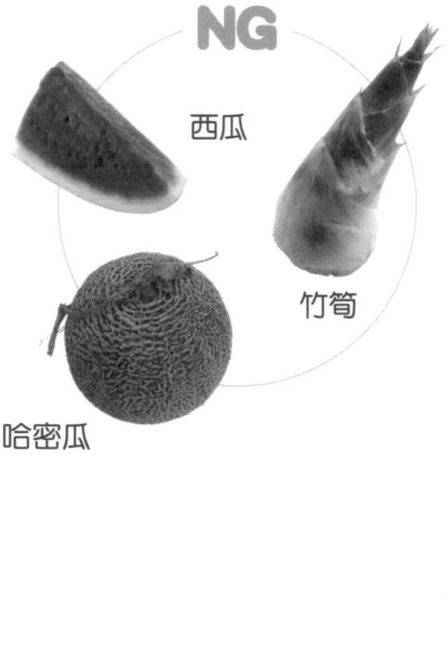

## 脾胃溼熱體質

懷孕前或孕期中吃太多油膩、甜食或生冷的食物，普遍容易導致「脾胃溼熱」的體質，其常見症狀有頭重猶如毛巾裹頭，頭暈、頭昏、耳塞感、心悸、失眠、胸口悶，四肢無力、易疲痛、經常抽筋或水氣浮腫，食欲不佳或頻噁心嘔吐、口淡而飲食無味或口水黏膩、口苦喜飲冷卻飲不止渴，大便軟黏不易排淨或質地太稀、不成形等。

> 飲食宜淡泊，不宜肥濃，宜輕清，不宜重濁，宜甘平，不宜辛熱。」——中醫婦科典籍《達生篇》

脾胃溼熱體質的孕婦，除了可能出現比較嚴重的害喜、孕吐外，發生陰道感染及懷孕中、後期的不穩定性子宮收縮現象機率也相對高。飲食方面應多以五穀雜糧、蓮子、山藥、茯苓來調養脾胃、除溼熱。少冰品、飲料、生冷瓜果類（如西瓜、哈蜜瓜、香瓜）、椰子、番茄、葡萄柚。此外，苦瓜、竹筍、筊白筍、白蘿蔔等寒性蔬菜，及辣椒、胡椒、榴槤、荔枝、龍眼與煎炸物等熱性食物也要少吃。

茯苓

蓮子

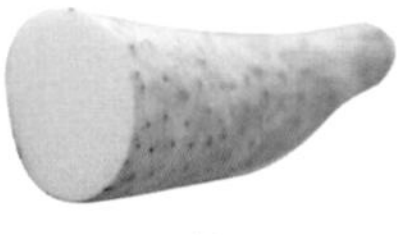
山藥

脾胃溼熱體質的孕婦尤重調養脾胃、除溼熱，日常要少吃寒涼食物，透過適合藥材來改善症狀。

## 盲目進補，吃補變吃苦，越補越大洞

一般說來，體質可以簡單區分為熱性體質、寒性體質與中性體質，唯有根據體質進行適當的調理，才能事半功倍。就中醫觀點而言，雖然不同食物有其不同的營養特性，但在大部分的情況下，人體攝食後會自動調節、達到平衡，所以一般人幾乎沒有飲食禁忌。不過，罹病或某些特殊生理特徵時，就不能時刻以口腹之欲為優先了，因為食物性質與疾病類型、生理狀態可能產生矛盾。

長久存在於華人社會的「藥食同源」觀念，認為食品與藥品的功能可以互相轉換，以達到養生、保健、治病的目的。讓不少人覺得懷孕就要好好補養，讓胎兒擁有足夠的養分來茁壯，因此常常分不出「食」與「藥」的差異，總以為「有病治病，沒病強身」。

中醫強調要辨證論治，所謂的藥食同源並須建立在符合個人體質與生理條件的前提下。依照每個人體質的特性，有不同的補養方式，囫圇吃下一堆補藥，很可能會適得其反，沒病反而吃到生病，虛弱的身體更為虛弱，越補越大洞，懷孕期間這樣補，危險性更高，不得不小心。

有些老一輩的人認為懷孕就應該吃麻油雞、十全大補湯，甚至每餐少不了大魚大肉，以為這樣才夠營養，胎兒才吃得飽。有的人還會自己去中藥房抓藥（如十三味安胎飲），幫媳婦或晚輩補胎、補身體。這樣餐餐補的好意，在過去資源相對匱乏的舊時代，確實可以補足日常營養攝取不足的情況，但現代社會已經很少有營養不良的問題了。比起產前進補，更多人關注的反而是如何在產後快速恢復身材，即使需要補養，也是以不變胖為原則。

在多年的臨床經驗中，我確實遇過許多熱性體質的患者，因為進補過度而產生不適的例子。有一位患者正是在懷孕後，經常服用婆婆燉煮的十全大補湯、麻油雞，結果導致便秘情況加重、煩躁不安、口乾舌燥等熱症。另一位孕婦則是因為自己的媽媽擔心女兒懷孕期間營養不足，三天兩頭燉藥進補，結果導致流鼻血。以上個案都必須服用中藥，以調整回正常的體質。

## 孕期狀況馬上處理，別等到坐月子

中醫所謂的「體質」，指的是一個人的身體型態、結構和功能，在生長、發育的過程中，逐漸形成的特殊性。至於體質的好與壞，一部分來自先天的遺傳，也就是現代醫學所說的「基因」，另外一部分則來自後天，例如，飲食習慣、運動習慣、工作環境、壓力、疾病、懷孕生產等，確實會對體質造成不小的影響。

### 你以為的體質變化，可能是荷爾蒙變化

有時候，你以為的體質變化，可能是孕期荷爾蒙變化。臨床上，很多孕婦會抱怨「懷孕之後，就變成怕熱的體質，稍微動一下就汗流浹背、口乾舌燥。」其實，這是很常見的生理現象。尤其懷孕第三個月後，感受更加明顯。不僅是因為體重增加、負荷變大，還有懷孕後荷爾蒙的影響，以致基礎體溫隨之上升，可能比懷孕前多0.5至1℃。

若真的很不舒服或已嚴重影響生活品質，可向醫師尋求協助，切忌過度壓抑、忍耐，以免影響心境，自覺「火氣大」而大量吃冰品、寒涼食物，或自行到藥房抓退火草藥。畢竟，每一位孕婦的狀況、體質都不一樣，用藥及劑量都因人而異，因此一定要找合格、有經驗的中醫師診斷、開藥，才能避免吃錯藥的危險。

## 孕期及時調養，坐月子事半功倍

女性平常就應該留意自己的身體狀況，孕期健康照護更需要多一分心力，在這十個月裡，孕婦難免會出現生理上的不適，還有不小的心理壓力要承擔。有些孕婦為了省麻煩，想著一切都等到坐月子時再一併調養，但這樣往往可能錯過最佳治療時機。坐月子當然是調理身體的重要時段，但懷孕期間就做好身體保健，產後坐月子調養功效將能事半功倍。

例如，孕婦常有的「生理性貧血」就需要及時補充鐵質，來提升體內的血色素，若等到生產完、坐月子時才來處理，情況通常相對嚴重，需要更長的時間才能恢復。另外，懷孕期間由於子宮上升至骨盆腔，使得身體的重心發生變化，加上荷爾蒙作用使關節周圍的韌帶鬆弛，降低關節的穩定性與支撐力，加重姿勢不良造成的腰痠背痛。要是沒有及時矯正、治療的話，演變成慢性肌肉韌帶傷害，復原就更難了。

07

# 懷孕了，哪些中藥不能吃？

孕婦與胎兒血肉相連，生理、心理的變化都會對胎兒產生不同程度的影響，所以服用任何食物和藥材都應特別留意。懷孕期間的調養，增加接觸中藥材的機會，雖然一般常用藥材或藥膳，幾乎不會危害孕婦或胎兒的健康，但千萬不要「聽說」有效就跟著吃。

## 把握4大原則，服中藥安全又安心

胎兒住在媽媽的子宮裡，這十個月說長不長，說短也不短。母體健康，胎兒才會健康，母體生病，胎兒跟著生病，所以生病了，一定要把病治好，恢復健康，胎兒才能順利成長與發育。懷孕期間，由於身體不適或進補機會提升，接觸中藥材的機會非常多，不過，每種藥的療效不同，不是多數人吃了有效，就代表適合每一位準媽咪服用。

曾經有一位鄰居帶著媳婦來診間找我，她因為媳婦剛有身孕，為保安心而聽信中藥房建議，買了保產無憂方（十三味安胎飲）想說幫媳婦安胎，結果反而導致異常出血。十三味安胎飲是臨產前才可以服用，我一聽說這事，馬上請她立即停止使用，並同時給予安胎的方劑，媳婦的情況才漸漸好轉。

雖然說，傳承數千年歷史、集結智慧與臨床經驗的中藥材，成分天然、作用溫和，一般常用的藥材或藥膳，幾乎不會對孕婦或胎兒的健康造成影響，但服用仍必須視藥材特性、個人體質、遵循醫囑，平時如此，懷孕階段更是如此。孕婦無論是使用中藥材或食療進補，都應把握安全用藥4大原則：

**1 諮詢有經驗的醫師或婦科中醫師**

**2 減少藥物劑量**

**3 縮短食藥的期間**

**4 懷孕3個月內避免使用**

服用後可能危害孕婦或胎兒的中藥材，如枳實、牛膝、大黃等，由於會直接作用於子宮、增強子宮收縮，提高流產、早產的危險性。吳茱萸、薏苡仁等，則是會促進子宮興奮度。桃仁會誘發流產或早產、丹皮可致子宮內膜充血、紅花使子宮肌緊張，且三者皆具活血化瘀作用，對胎盤血液循環會產生負面影響。至於大黃、芒硝、薏苡仁等，因具有導瀉作用，有損陰血。

牡丹皮

紅花

大黃

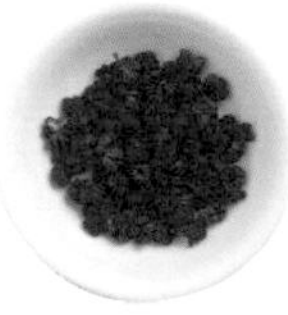
吳茱萸

牛膝

薏苡仁

桃仁

孕期必須特別留意禁用藥材，以避免誤食造成流產、早產、影響胎盤健康等憾事發生。

此外，利水功效的食物及中藥材，被認為會使孕婦身體中的水分損耗，恐會對羊水量造成影響，中醫古籍亦列為禁忌，近年來，陸續有研究發現可能連帶促進子宮收縮。雖然臨床上並未發現其他重大傷害，但仍建議避免食用，如乾薑、厚朴、半夏、附子等，皆具有利尿作用。

其實，透過現代科學的技術，研究、分析中藥的藥理成分與作用，不難發現部分中藥材確實對孕婦或胎兒有不良的影響，有些常見的中醫成藥，也含有這些孕婦忌食的藥物，如桂枝茯苓丸、牛車腎氣丸、麻仁丸、平胃散、六味丸等，以上都務必慎重使用。

生半夏

厚朴

乾薑

雖無直接研究證實利尿藥材會傷害母體或胎兒，
但為避免促進子宮收縮之疑慮，仍建議不要使用。

## 養好孕 TIPS
## 懷孕階段的中藥材禁忌

**慎用中藥材**

鹿茸、附子、乾薑、肉桂、胡桃肉、胎盤、白茅根、荷葉、枳實、枳殼、山楂

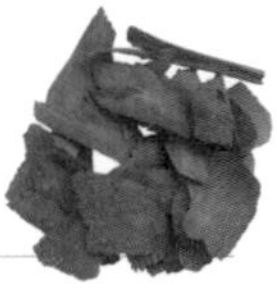
肉桂

**禁用藥材**

透骨草、月季花、麥芽、桃仁、紅花、大黃、枳實、三稜、莪朮、澤蘭、蘇木、劉寄奴、益母草、牛膝、水蛭、虻蟲、乳香、沒藥、大戟、芫花、滑石、冬葵子、甘遂、薏苡仁、巴豆、牽牛子、木通、棉花子、生蒲黃、附子、川烏、草烏、麝香、草果、丁香、硫磺、吳茱萸、丹皮、芒硝、厚朴、半夏、附子、丹參、川芎

紅花

大黃

益母草

丁香

## 孕期碰不得的5大類中藥材

俗語云「有胎始有火。」指懷孕女性常有陰血偏虛、陽氣偏盛的情況，除了人參和鹿茸外，一些溫燥性的藥材，如肉桂、胡桃肉、附子、乾薑、胎盤（紫河車）等，也必須慎用、少用，否則可能出現不安、焦慮、煩躁、失眠、咽喉乾痛等輕微上火、燥熱的症狀。此外，辛熱食品要盡量避免食用，如辣椒、酒等。嗜辣、重口味的孕婦，為了自己與胎兒的健康著想，在懷孕時期應忌口。

即使是補益藥（以提高人體抗病力、消除虛弱證候為主功效的藥物）也馬虎不得，人參、鹿茸，都強烈建議不要自行亂服，不然可能越補越虛。另外，被「禁用」於孕婦身上的，還有容易造成子宮收縮、活血破氣（損害胎氣而導致流產）、利下降瀉等作用的藥材，和芳香滲透、大辛大熱大毒等類型的藥材。

### 收縮子宮類

例如，常用來促使經血流通及催產的棉花子，會收縮子宮的作用，服用後會刺激子宮，提高妊娠中止（流產或早產）的機率。另外，生蒲黃具活血化瘀作用，連帶導致子宮收縮作用，孕期應避免或謹慎使用。

## 活血破氣類

「活血」指加速血液循環，將促使血氣下竄，導致便血、陰道大出血。「破氣」藥材則會使氣行逆亂，氣亂則無力固。透骨草、月季花、麥芽、桃仁、紅花、大黃、枳實、三稜、莪朮、澤蘭、蘇木、劉寄奴、益母草、牛膝、水蛭、虻蟲、乳香和沒藥等，皆屬於此類藥材。

## 利下降瀉類

利下降瀉類藥材具有通利小便、瀉下通腑的作用，常會傷陰耗氣，無法固攝氣血津液，失去對身體物質及臟腑的鞏固作用，導致營養流失，以致胎兒無法吸收足夠的養分。此類中藥材有滑石、冬葵子、甘遂、桃仁、紅花、大黃、枳實、大戟、芫花、巴豆、牽牛子和木通等。

## 芳香滲透類

芳香滲透類中藥材的辛香味具有「行散氣滯」的作用，孕婦若服用不慎，將會使體內氣流亂竄，導致胎氣不固，而有流產的危險性，此類中藥材有麝香、草果、丁香、川烏、草烏等。

### 辛、熱、毒類

懷孕後，體質通常會比較燥熱，而辛熱藥材又具有辛香化溼、驅逐寒氣的作用，這會加重體質的燥熱性，使水分或津液乾涸、失調，造成墮胎（流產）的危機，如附子、肉桂、川烏、草烏等。有毒類中藥材則會直接損傷胎兒，硫磺即屬之。

### 孕期避免5大類中藥材

1. **收縮子宮類**：如棉花子、生蒲黃
2. **活血破氣類**：如月季花、麥芽、桃仁、紅花
3. **利下降瀉類**：如滑石、冬葵子、甘遂
4. **芳香滲透類**：如麝香、草果、丁香、川烏
5. **辛、熱、毒類**：如附子、肉桂、草烏、硫磺

## 寒涼食物淺嘗輒止，腸胃差更要小心

### 懷孕期間可以吃螃蟹嗎？

這絕對是診間最常被孕婦（或親友）問到的問題前三名。傳統醫學認為食物和藥材都有性味之分，即寒、熱、溫、涼等屬性，與酸、苦、甘、辛、鹹等氣味，平時要均衡攝入各種性味的食物，並配合體質或病證依循不同的禁忌。

傳統中醫文獻記載，寒性食物吃太多，容易導致流產或動胎氣，故懷孕前三個月會建議避免食用，以穩定胎象。螃蟹性寒帶溼毒，屬容易誘發過敏的「發物」，蒸煮螃蟹之所以會放薑片，不僅是去除腥味的功能，也是為了中和螃蟹的寒涼性質。不過，在免疫力較差的時候，仍會提升皮膚疾病被誘發的機會。腸胃功能虛弱者，螃蟹吃多了容易發生腹瀉的情況。

螃蟹性質寒涼，活血化瘀之功效可能會動到胎氣，故懷孕前 3 個月，能不吃就不吃。3 個月後、胚胎穩定，仍建議每周最多半隻為限。

此外，螃蟹不僅性質寒涼，其活血化瘀之功效可能會導致動胎氣，蟹爪更可催產下胎。在懷孕初期，因為胚胎尚未穩定，若飲食不當或食物保存不當、不新鮮引起腹瀉，流產的可能性都將會大增。體質虛寒或常腹瀉的孕婦，能不吃就不要吃，習慣性流產的孕婦更應慎食。

體質燥熱的孕婦，確實可在避免油炸食物或辛辣、刺激性飲食的前提下，少量食用屬性寒涼的食物來降火，有助緩解燥熱體質，改善「胎熱」的困擾。不過並非毫無節制的攝取，因為冷卻過度反而會讓下肢水腫變嚴重。若要品嘗螃蟹的鮮美，建議在懷孕第三個月之後，等胚胎穩定後比較合適，但每周最多只能吃半隻螃蟹，不可多吃。

## 懷孕期間可以吃薏仁嗎？

這題也是常常被問到的。薏仁口感滑順，還有美白、消水腫的功效，是很受女性歡迎的食物之一。在中醫古籍中，將薏仁列為利水的食物及藥材，被認為可能會對羊水量造成影響，故為孕婦飲食禁忌之一。藥理研究亦發現，薏仁可能會促進子宮收縮，提高流產的風險，懷孕期間應盡量避免食用，以排除流產或早產的疑慮。

薏仁在中醫古籍被列為孕婦禁忌飲食之一，現代藥理研究亦發現，薏仁恐促進子宮收縮，提高流產的風險。

## 好養孕 TIPS 常見食物屬性表

| | 寒涼性 | 溫熱性 | 平性 |
|---|---|---|---|
| 水果 | 西瓜、柚子、梨、香瓜、哈蜜瓜、楊桃、香蕉、柿子、椰子、奇異果、山竹  | 桃子、荔枝、櫻桃、榴蓮、龍眼、橘子  | 蘋果、檸檬、百香果、葡萄、甘蔗、鳳梨、木瓜  |
| 蔬菜 | 小白菜、空心菜、蘆筍、竹筍、蓮藕、白蘿蔔、番茄、苦瓜、海帶、紫菜、莧菜、芹菜、菠菜、冬瓜、黃瓜、絲瓜、茄子  | 蔥、薑、蒜、香菜、韭菜、南瓜  | 高麗菜、花椰菜、紅蘿蔔、馬鈴薯、山藥、芋頭、地瓜、蓮子、四季豆、豌豆、香菇、金針菇、木耳  |
| 加工食品 | 茶、豆腐、豆漿、柿子乾  | 酒、醋、麥芽糖、酒釀 | 燕窩、冰糖、蜂蜜  |
| 肉類 | 鴨肉、魷魚、蛤蜊、螃蟹 | 羊肉、牛肉、豬腳、蝦、淡菜、海蜇皮、白帶魚、豬肚、豬肝 | 雞肉、鵝肉、豬肉、鮑魚、鰻魚、雞蛋 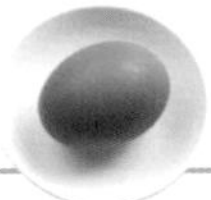 |

08

# 逐月養胎，比你想的還簡單

懷胎十月是孕婦生產前的必經過程。一般會將這十個月分做三期：懷孕1至3個月（第0至12周）稱為「初期」、4至6個月（第13至27周）稱為「中期」、7到10個月（第28周後）稱為「後期」。掌握各階段的養胎重點，孕婦與胎兒都能平安、健康、順利。

## 懷孕初期（第0至12周）養胎論

懷孕後的前3個月，胎兒尚未具備人形，只可以說是一團血肉的基礎物質，隨著時間過去，未來才會慢慢形成胎兒，西醫把這階段稱為胚胎或胚囊。南北朝時期著名醫學家徐之才曾提出「逐月養胎」的論點，他認為孕期的每個月都分別由不同的經脈供應營養給胎兒，有鑒於此，孕婦在孕期各個月份的行為或飲食忌宜等皆不同，甚至需要有不同的調養方式，以期胎兒獲得最佳最充足的滋養。

## 第1個月：尤重睡眠，不宜勞累

妊娠一月，名始胚。飲食精熟酸美，受御宜食大麥，無食腥辛，是謂才正。妊娠一月，足厥陰脈養，不可針灸其經。足厥陰內屬於肝，肝主筋及血。一月之時，血行否澀，不為力事，寢必安靜，無令恐畏。——《逐月養胎方》

懷孕的第1個月為「始胚」期，由「肝經」供予營養。在戰國時代《黃帝內經・素問篇》中所提到的「肝藏血」，也是相同的論點。中醫所謂的肝與現代醫學的定義不相同，中醫的肝主宰著全身經脈的成長與濡養，這個階段孕婦若有身體不舒服的情況，千萬不可以針灸肝經的穴道。

胎兒的發育過程需要大量的血，孕婦的血液會往胎兒集中，此時孕婦自身的血液循環會變差，要注意不要太過勞累，睡眠更要充足，盡可能維持環境的安靜，以避免因驚嚇而動了胎氣。另外，飲食方面要精緻且熟爛，適度添加有酸味的食物來促進食欲，如帶酸味食材的羹湯，不宜吃刺激性、具腥味的食物。

「平性」水果

## 第2個月：穩定情緒，不宜驚擾

妊娠二月，名始膏。無食辛臊，居必靜處，男子勿勞，百節皆痛，是為胎始結。妊娠二月，足少陽脈養，不可針灸其經。足少陽內屬於膽，主精。二月之時，兒精成於胞裏，當慎護之，勿驚動也。——《逐月養胎方》

來到了孕期的第2個月，就是中醫稱的「始膏」期，這個階段主要由「膽經」供予營養給胎兒，針灸時要避開膽經的穴道。中醫所說的膽，主宰著一個人的情緒和壓力，晚上十一點到凌晨一點是膽經的運行時間，在此時間點入睡、不熬夜，有助膽經的通暢，進而達到紓壓、穩定情緒、提升判斷力的效果。

在這個階段，除了要避免當夜貓子外，還要特別留意生活環境的清靜與安寧，這個時期的胎兒，正在漸漸發育中，孕婦及孕婦的親友、家人等，都應該要小心呵護著，不宜驚擾。飲食方面也要多注意，尤其不宜吃辛燥的食物，如榴槤、油炸物、辣椒、胡椒、孜然、咖哩等辛香料。

## 第3個月：外象內感，拒絕負能量

妊娠三月名始胎，當此之時，未有定義，見物而化。欲生男者，操弓矢。欲生女者，弄珠璣。欲子美好，數視壁玉。欲子賢良，端坐清虛，是謂外象而內感者也。妊娠三月，手心主脈養，不可針灸其經。手心主內，屬於心，無悲哀思慮驚動。——《逐月養胎方》

在中醫理論中，孕期第3個月稱為「始胎」，由「心經」供予營養，而且「心」也主管人的精神、智力活動、血液運行及汗液分泌等。心經為十二經絡（脈）之一，經絡為身體中無形氣之通道，其走向聯繫心臟，下穿橫膈，聯繫小腸，又與眼、腦組織互相連通。中醫說的心，就類似西醫說的大腦，控制著人的意識與思維，其中下視丘會影響內分泌與荷爾蒙。

此時期孕婦維持穩定且正向的想法，是胎兒健康發育的關鍵之一，因為愉悅的感覺會促進腦內啡（endorphin）荷爾蒙的釋放，腦內啡是體內的「快樂激素」，可以讓人維持幸福、快樂的心情，同時緩解失眠、憂鬱等狀況，胎兒也會因此感到舒適與放鬆。這種透過母體間接提供的影響，正是中醫所推崇的「外象內感」胎教方式。

# 懷孕中期（第13至27周）養胎論

懷孕中期就是孕期的第4至6個月，這時候的胎兒已經血脈貫通，五臟六腑也逐漸成形，相較於懷孕初期的不確定性，會慢慢進入越來越穩定的狀態。這個階段也是孕期中孕婦感受最為舒適的時期，不必再承受害喜、孕吐的煎熬，因為出血而擔心受怕的機率也會大幅減少。

## 養好脾胃經，供給胎兒發育養分

妊娠四月，手少陽脈養，不可針灸其經。手少陽內輸三焦。妊娠五月，足太陰脈養，不可針灸其經。足太陰內輸於脾。妊娠六月，足陽明脈養，不可針灸其經。足陽明內屬於胃，主其口目。——《逐月養胎方》

就「逐月養胎方」的論點而言，在懷孕第4個月時，是由「三焦經」來供應胎兒營養，第5個月與第6個月的胎兒營養供給，則分別仰賴脾經、胃經所負責。大部分在懷孕初期有害喜、孕吐的孕婦，到了這個階段後，症狀都會逐漸消失，因懷孕而產生的不適感變少了，胃口也會跟著改善。

在現存歷史最悠久的中醫理論著作《素問》中提到「三焦者，水穀之道路，氣之所終始也。」水穀為營養、養分的意思，可知三焦經掌管營養運輸。脾和胃則互為表裡，共同完成飲食的消化與吸收，故脾胃又常合稱為「後天之本」。懷孕中期是營養與消化能力最佳的階段，也是胎兒迅速成長的重要階段，更是孕婦與胎兒充分補充營養的最佳時機，藉由這三條經脈的充分發揮功能，提供胎兒與母體豐富的營養。

## 「一人吃，二人補」的最佳時機

維持懷孕前的飲食習慣，很可能會無法供應孕期足夠的營養，因為懷孕之後是「一人吃，二人補」的最佳時機。從懷孕開始，孕婦就必須為自己及胎兒多攝取優質的食物。生產是非常耗體力的事，均衡與充分的營養攝取，是很重要的。良好的飲食模式可以維持母體正常的新陳代謝所需，供給子宮及胎盤養分，這有助於胎兒成長發育，亦是為生產、哺乳做好準備。

除了國民健康署建議的葉酸、碘、鐵和維生素D外，蛋白質、鈣質與各種類的維生素同為胎兒成長所需要的營

乳製品是蛋白質與鈣質的來源，是孕期很不錯的食物選擇。

養素，其中瘦肉、蛋、乳製品、魚類、新鮮的蔬果等，都是很不錯的食物選擇，建議多元攝取，以維持均衡。尤其推薦深海魚類，如鯖魚、鮭魚、鮪魚、鯡魚、沙丁魚等，其中富含的 DHA 屬於 ω-3 脂肪酸系列的必須脂肪酸，對於胎兒腦部發育很有幫助，魚油膠囊及亞麻仁油也有同樣的效果。

高齡產婦更應注意鈣質補充，以每天以一千兩百毫克為準，因三十五歲後的鈣質流失速度加快，平時應避免抽菸、喝酒、過量攝取咖啡因（如咖啡、茶類飲料等）會加速鈣質流失。多外出曬太陽，則有助鈣質吸收效率。平時不注重保養，造成骨質疏鬆，懷孕後便會加重高齡產婦本身的負擔，輕則牙齒鬆脫、肌肉抽筋，重則發生妊娠高血壓等併發症。

孕婦營養攝取不足，不只會有子癇前症、妊娠糖尿及免疫系統調控問題，也可能會影響胎兒的發育情況，尤其會造成腦部、神經、智力、脊髓等缺陷而生長遲緩，進而導致早產、提升新生兒死亡率。

## 好養孕 TIPS 孕期營養補充指南

| 營養素 | 建議攝取量（日） | 常見食物來源 |
|---|---|---|
| 葉酸 | 600μg | 富含葉酸的原態食物，如深綠色蔬菜、豆製品和肝臟等。 |
| 碘  | 200μg | ① 加碘鹽，以每日不超過 6 克為限<br>② 含碘食物，如海帶、紫菜等海藻類蔬菜（有甲狀腺相關疾病應諮詢醫師的建議） |
| 鐵 | 15mg<br>※ 後期增至 45mg | 富含鐵的食物，如紅肉、深綠色蔬菜、豆類（黑豆、豆干、豆腐）等 |
| 維生素 D | 10μg | ① 不塗防曬品、避開 10 至 14 點陽光強烈時段，盡可能每周曬 2 至 3 次太陽，每次 10 至 20 分鐘<br>② 富含維生素 D 食物，如魚、蛋、乳品、蕈菇類（黑木耳、香菇）等 |
| 蛋白質 | 增加 10g [註]  | 富含蛋白質的食物，如蛋、奶類製品、肉類、海鮮、豆漿、豆腐等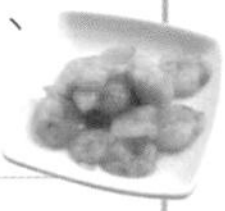 |
| 鈣 | 1000mg | 富含鈣質的食物，如乳製品、豆製品、黑芝麻、小魚乾、鮭魚、雞蛋等 |

※ 資料來源：衛福部國民健康署

[ 註 ] 一般情況下，成年人的蛋白質建議攝取量為「每公斤體重 ×1.1（克）」，假設體重為60 公斤，每日應攝取 66 克蛋白質才足夠。此外，蛋白質攝取也會隨目地性（如增肌、減脂）、活動量、運動頻率而有所改變。

## 懷孕後期（第28周後）養胎論

懷孕第7個月起就進入懷孕後期，此時此刻孕婦的身軀、體態，都會隨著越來越大的胎兒而變化，如腰椎前凸、骨盆前傾、體重增加，下肢水腫等，而且越接近生產的日子，情況也會越來越明顯。孕婦這時最重要任務，就是透過適度勞動與運動訓練肌肉力量、吃飽喝足維持體力、做足心理建設降低臨產緊張感，以上皆有助於順利生產。

### 為順產做準備①：適度的運動與鍛鍊

懷孕的最後階段，就要開始為生產做準備了，適度勞動與運動鍛鍊都能增強孕婦的體力，增加子宮和腹肌的收縮能力，有利於分娩時的產力。孕婦不妨多做一些有助於順產的運動，尤其是要訓練大腿與骨盆腔的肌肉，例如，爬樓梯可藉助地心引力的作用，讓胎兒的頭部向下，胎頭下降，有助幫助子宮頸張開。

根據研究顯示，運動過程產生的新陳代謝、血流量變化等，有助於保護胎兒，防止孕婦體能消退、減緩疲勞感，也能讓生產過程更順利。此外，運動可以維持肌肉量、肌力，減少皮下脂肪，妊娠紋出現的機會相對變少。生活過於安逸，不思勞務，反而會引起氣血運行不順暢、中氣虛弱，以致連胎兒的生長發育都連帶受影響。

但切記不要在懷孕36周前過度頻繁的爬樓梯，以免導致早產。我就曾經遇過一位孕婦，工作屬於勞動性質，需要久站，加上家又住五層樓高的公寓，沒有電梯可以代步，懷孕期間不僅工作時間久站，每天還都要爬上爬下五層樓，有時一天往返好幾次，結果導致胎兒不穩，發生微出血的情況，還好及時到診所求診，問診後給予常用的泰山磐石飲，才阻止悲劇的發生。

### 為順產做準備②：少量多餐、首選粥與參湯

若產婦氣力不足，生產時可能會發生無力推動胎兒，出現氣血阻滯、胎兒遲滯不下等難產情況，所以臨產（自然分娩）前，孕婦更要吃飽喝足，分娩過程才有充足的體力。飲食是維持體力的最佳方式，盡量以少量多餐、每日進食四至五次，以高熱量、耐飽的食物為主，如米飯、麵食、地瓜、蛋等。產前不宜喝酒，一方面避免分娩時頭暈無力，另一方面減少產後惡露不止或痔瘡出血等情形。飲酒容易引起四肢無力、關節痠痛等疾病。

產時以飲食為本，有等婦人臨產不能飲食，則精氣不壯，以何用力？……又宜頻食稠軟米粥，勿令饑渴以乏氣力，亦不宜食硬冷難化之物，恐產時乏力，以致脾虛不能消化，則產後有傷食之證。——《女科精要卷三》

清康熙年間婦科名醫葉天士就主張產婦臨產前萬萬不可以節食，並建議應該要「頻食稠軟米粥」，以粥為飲食首選，因為米粥好消化、好吸收，既可以填飽肚子、止渴，還可以增加生產的力氣。此外，忌諱「硬冷難化之物」，因為吃冰冷或堅硬的食物，產後容易有消化不良的情況發生。

人參湯則對體虛、頭暈、無力的孕婦很有幫助，產前兩、三天可飲用，但開始陣痛、腰痠就不要再喝了，因為人參有補氣的作用，服後會讓陣痛停頓。待產過程若出現飢餓感，也可以吃點巧克力來幫助體力的維持。不宜吃含有人參、酒精、麻油等會減緩子宮收縮、破壞血液凝固功能的食品。值得注意的是，剖腹產多採半身麻醉，術前要禁食六至八小時，即使孕婦有飢餓感也要忍耐，不過，醫師通常會適量給予靜脈注射「等張溶液」，以補充孕婦的體液與部分營養。

米粥好消化、好吸收，既可以填飽肚子、止渴，還可以增加生產的力氣。

## 好孕養 TIPS 臨產前的調養湯品

### 人參湯 ※ 開始陣痛或腰痠後就不再服用

**適用對象** 體虛、頭暈、無力的孕婦

**材　　料** 人參 10 克或黨參 10 克

**作　　法** 材料洗淨後，以 6 碗水煎成 4 碗水。每日 1 劑，連服 3 天

---

### 人參精力粥

**適用對象** 氣血虛、體質虛弱、心神不寧的孕婦

**材　　料** 白米 120 克、人參 10 克、紅棗 20 克、枸杞 20 克、玉竹 12 克、山藥 50 克

**作　　法** ① 山藥去皮切成丁狀，備用。

② 放入白米、人參、紅棗、枸杞、玉竹、山藥，煮熟即可。

白米

枸杞

紅棗

**功效**

補氣養胃

玉竹

**功效**

養心安神、安胎

人參

**功效**

安神，大補元氣、提升氣力

## 為順產做準備③：定心養神、避免憂慮

臨產前，更是要保持精神的愉快。過度緊張或憂慮會擾亂神經系統的正常運作，影響子宮收縮，造成產力不足和子宮收縮異常。清代婦產科醫家亟齋居士所撰《達生篇》一卷中，便針對臨產前情緒緊張易造成難產有詳盡解釋，極力闡明生育是女性正常生理現象。

若對分娩感到緊張、憂慮，以致臨產時慌亂無主，則會提升難產等不良狀況的發生機會。在《素問‧舉痛論》中即提到「怒則氣上，喜則氣緩，悲則氣消，恐則氣下，驚則氣亂，思則氣結。」國外有些孕婦會於待產時含冰塊，據說最主要目的就是要紓緩情緒、減輕疼痛。

懷孕晚期、臨產前的最後一個階段，要安睡以養足精神，即使睡不著也要試著「閉目定心養神」，這對產婦來說，是一種精神的保護，是一種養精蓄銳的方法，有助於肌肉鬆弛，以利生產過程。在《達生篇》中提到的「無論遲早，切不可輕易臨盆用力。」就現代醫學觀點而言，即在提醒子宮頸口要避免過早開始用力，以預防子宮頸口水腫及裂傷，影響產程的進展。

09

# 孕期危機與疑難雜症

就像闖關遊戲一樣，懷孕的每個階段都有不同的「危機」要排除，也有不同的「任務」要達標，唯有去面對與去了解，才能使用適當且適宜的方法，關關難過關關過，如此一來，生理狀況排除了、心理與情緒也可以照顧好，孕婦就能用身心靈都健康的狀態，迎接寶寶的誕生。

## 防落胎（流產）：多休息、少生氣

有些小生命來不及就驟然消逝，就是俗稱的「流產」或「落胎」。由此可見，懷孕初期流產並不罕見，而且多數難以預知與避免。然而，流產發生時，不僅是孕婦本人，所有家人都難免感到失落，這往往讓孕婦的心理壓力變得更大。

## 不良情緒可能導致習慣性流產

懷孕初期只要保持愉快的心情，就是對胎兒最佳的照護之一。我曾經遇過有個懷孕初期的病人，因為有陰道出血的情形來求診，希望我協助安胎。詢問之下才得知，這對夫妻結婚多年都沒有懷孕，好不容易有了孩子，情緒難免比較緊張，加上最近有出血的情況發生，就更加擔心了，甚至擔心到失眠。因此我除了開一些初期安胎的藥方外，還開了一些緩和情緒的藥。

還有一位病人，她在工作場合表現非常傑出，是一位女強人，只是懷孕好幾次都留不住。由於前幾次都是陰道出血後流產，後來她索性住院安胎，結果卻也不如人意。經過我的問診下，才終於發現了問題的根源。原來她即使在住醫院保胎期間，手邊工作還是不曾間斷。就算醫師千叮嚀萬交代要她好好休息，但是她總是放不下公司的大小事，每天都要和員工連絡、確認各部門的帳目與工作情況。

心情長期處於焦慮不安、過度疲勞的狀態，很可能是造成她流產的因素。於是，我請她這次懷孕務必要關閉手機，暫時斷開讓她感到焦慮的事（如工作）。我開了養心安神的保胎中藥，並囑咐她不論在家安胎或在醫院安胎，都必須安定心神，充足休息，充足睡眠。這次，果然保住了孩子。

其實，針對「不良情緒可致習慣性流產」的相關研究有不少，古今中外皆有，研究中，多半指出情緒緊張、暴怒等心理狀態，會影響母體神經內分泌系統的穩定性，尤其對於孕激素的影響最大，可見憤怒、情緒大幅波動等，都可能影響胎兒的健康。

## 內分泌系統異常，胎兒健康備受威脅

當孕婦長期處於緊張狀態時，體內的孕激素濃度降低，將不利於胎盤發育。子宮處於高度緊張狀態，只要稍有刺激就會引發子宮收縮，嚴重的話就會造成流產。一個人的情緒會影響大腦的內分泌系統，內分泌異常則是習慣性流產的原因之一。有些孕婦深怕「有一就有二」的情形，以致再度懷上身孕時，格外小心翼翼，情緒緊繃。其實，這樣反而容易造成二度流產。

> 惟一月墮胎，人皆不知也。一月屬肝，怒則多墮，洗下體則竅開亦墮，一次既墮，肝脈受傷，下次亦墮。今之無子者，大半是一月墮胎，非盡不受孕也。——《女科經綸》

此段文字很明確指出懷孕初期自然流產，很常是過於暴怒。其中的「墮」指的是自然流產，而不是現代所講的墮胎（人工流產）。近年來，多數研究證據也足以支持「怒則多墮」的觀點。在臨床上，我就見過幾次，已經快要到預產期，卻因為和先生大吵之後，覺得腹痛難耐，經醫院檢查發現，胎兒停止心跳，不得不進行引產手術。

至於「洗下體則竅開亦墮」這個說法，隨著時代的進步，已經知道懷孕期間過度清洗下體，容易造成子宮頸鬆弛而導致流產，對於先兆性流產影響尤其大。先兆性流產是指孕期陰道有出血的情況，這是懷孕期間最常遇到的問題，多發生在懷孕20周以前，也就是初、中期階段。輕微陰道出血、腹部微疼痛感代表有流產的跡象，就算子宮頸未開（持續懷孕），也建議要前往醫院進一步檢查或安胎。

## 安全「孕」動：熟練為先、量力而為

孕期運動的好處遠遠超過風險，千萬不要還停留在「能躺不要坐、能坐不要動」的舊觀念。運動除了可以幫助順產、提升生產後的恢復力外，也可以緩解孕期不適（如下肢水腫、便秘、腰痠背痛等）、避免孕期肥胖（體重增加太多）和預防相關病症（如妊娠糖尿病、妊娠高血壓等）。

### 沒有好或不好，只有適合不適合！

至於，哪些運動是適合孕婦從事的呢？這個問題並沒有標準答案，適合的運動項目因人而異。不過，務必要把握一個大前提，就是要以已經「很熟練」的項目為優先，強烈建議不要嘗試懷孕前沒有接觸過、不熟悉的運動，千萬不要聽說哪個運動好就躍躍欲試，因為對孕婦而言，沒有最好的運動，只有最適合自己的運動。從事任何運動前，最好事先和主治醫師一起討論自己的身體狀況，全面評估後再來執行。

懷孕初期屬於胚胎不穩定的危險期，可以執行最保守的運動方式，例如，每天散步四十至六十分鐘，並選擇公園步道、河堤步道、校園操場等地面平坦的地方，當天亦可搭配做十五分鐘左右的孕婦體操。懷孕到了中、後期，孕婦的身體狀況和胎兒都漸趨穩定，從事的運動就比較多樣化了，例如，騎固定式腳踏車、散步、快走、輕瑜珈等。

## 解除孕動風險的5個注意事項

美國婦產科學會曾表示，過於少量的活動可能會對孕婦健康造成嚴重風險，但不正確的運動模式亦會導致危險性。運動過程要格外注意有沒有不適的感覺，適度檢視自己的體能狀況，隨時補充水分，避免急性脫水（可能對心跳與呼吸產生不良影響），量力而為，該休息時就要休息，不需要以力盡氣竭為目標。依美國國家醫學會的建議，孕婦運動有以下幾個該注意的事項：

1 運動強度

懷孕之後所能承受的運動強度和懷孕前不會一樣，運動過程要以心跳次數來評估運動強度，以每分鐘不超過 140 次為原則

2 運動時間

運動持續時間要循序漸進，尤其是過去沒有規律運動習慣的孕婦，每次運動達 15 分鐘，應充分休息後再開始

3 運動環境

避免在不通風、炎熱和悶溼的環境下進行運動，如熱瑜珈。在運動前、運動中及運動後要補充足夠水分，以免導致體溫過高的現象

4 運動類型

爬樓梯、散步、做家事等安全性高。仰臥起坐及跳躍、震盪、瞬間改變方向的運動要避免。韻律舞、跑步、跳繩、游泳等要小心

5 其他

孕婦運動時最好有家人陪在身旁。有高血壓、多胞胎、心臟病、產前出血或早產現象的人，運動前務必參照醫囑建議。

## 減緩害喜症狀：按壓2穴道、少量多餐

害喜是不少孕婦在懷孕初期會經歷的生理現象。俗稱害喜的孕吐（morning sickness），在中醫稱之為「惡阻」，最常見的症狀為噁心、嘔吐，這是懷孕初期體內黃體激素升高所導致，多發生在懷孕後的前三個月，若本身神經系統不穩定、或平常本來就容易緊張的孕婦，其害喜的症狀會更為明顯。

若害喜症狀嚴重到影響日常生活時，建議要前往醫院尋求幫助，一般醫師會開立止吐藥或維生素$B_6$，服用後就可以改善。其他時間則要避免油膩的食物，生冷、辛辣、刺激性的食物也是大忌。一般來說，孕吐並不需要過度擔心，但也不是只能傻呼呼的忍耐，尤其是有嚴重噁心感、頻繁嘔吐、完全沒食欲（吃不下）等，甚至體重減少至比懷孕前還輕，為保孕婦及胎兒的安全，務必就醫。

另外，可以試試看早上起床之後，吃幾片蘇打餅乾或喝杯果汁，對於緩解嘔吐症狀可能有幫助。若孕婦的食欲因害喜而降低，不妨採「少量多餐」的進食方式。用餐前，滴幾滴薑汁在舌頭上，或口含薑片、陳皮梅、鹽漬金橘等帶有酸味的食物，也有減緩症狀、提升食欲的功效。

值得注意的是，孕吐與胃食道逆流的酸性物質，會侵蝕牙齒琺瑯質，所以孕婦更要注意口腔衛生，也能減少口腔異味殘留而引起更嚴重的症狀。生活環境方面則要維持通風、明亮，多休息、放鬆心情都有助益。試著按壓內關穴、足三里穴等穴位，有助減輕嘔吐、噁心等情況。

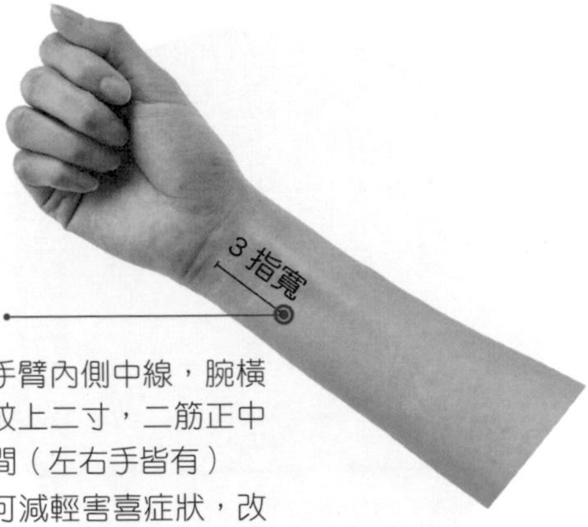


**穴位** 手臂內側中線，腕橫紋上二寸，二筋正中間（左右手皆有）

**功效** 可減輕害喜症狀，改善胃部不適、止嘔

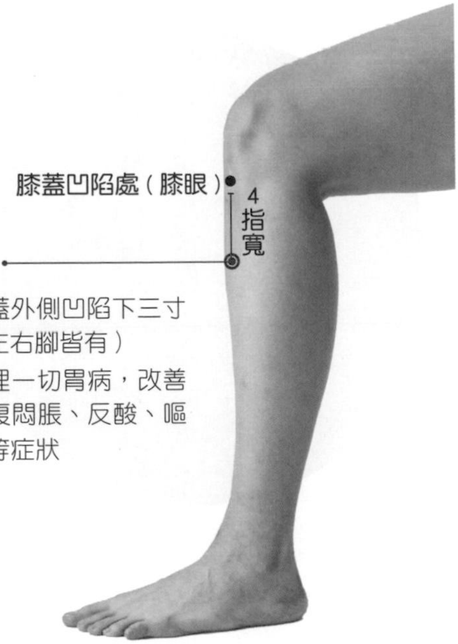


**穴位** 膝蓋外側凹陷下三寸（左右腳皆有）

**功效** 調理一切胃病，改善胃腹悶脹、反酸、嘔吐等症狀

## 孕期性生活：這樣做，不會傷胎氣

### 我懷孕了，還可以有性生活嗎？會不會傷到肚子裡的寶寶？

這是很多孕婦心中的疑慮，也是另一半很關心的議題。在傳統觀念裡，行房絕對是懷孕期間的禁忌行為之一。不過，就現代醫學的觀點而言，即使懷孕了，也能在遵循守則的前提下，持續保有「性」福。

> 故凡初交後，最宜將息，勿復交接以擾子宮，勿令勞怒，勿舉重，勿洗浴，又多服養肝平氣藥，則無一再之墜而胎固矣。——《女科經綸》

在《女科經綸》中即提到「故凡初交後，最宜將息，勿復交接以擾子宮。」從文獻來看，古人認為懷孕之後必須徹底休息，整個孕期不可再行房，以免擾亂子宮與胎氣。另一方面，或許也是要避免性交而誘發的子宮腔感染，與流產、早產的發生。現代醫學並無如此嚴格的建議與限制，一般認為只要在妊娠期前三個月（初期）及最後兩個月禁行房事即可。

妊娠初期，胚胎正處於快速分裂生長的階段，胚胎與母體胎盤的連接還不是十分強韌，性生活、陰道灌洗等外來刺激，都可能誘發了宮收縮而導致流產。懷孕三十六周以後，性行為時對子宮頸的刺激、男性精液內的前列腺素，都會造成子宮收縮，容易引起早產、子宮出血或感染。除了上述期間之外，妊娠的其餘月份是可以進行性生活的。

要注意的是，男女雙方都要注重私密處的衛生，行房前後要進行局部的清潔，其頻率度和強度（力道）也要有所節制，以每周兩次以內為宜，體位宜採女方上位、前側位為佳，目的是要防止對子宮的直接刺激。過程宜輕柔、緩慢，以免過度刺激子宮，誘發流產或早產，尤其曾有流產、早產史，或患有高血壓、前置胎盤、胎膜早破、心臟病及身體健康狀況較差的高齡孕婦更要格外小心。

至於文獻提及的「勿令勞怒，勿舉重，勿洗浴，又多服養肝平氣藥，則胎固矣。」建議懷孕期不能過度勞動、不能惱怒、不能提重物、不能沐浴，其主要用意亦為預防流產、保護胎兒。今非昔比，當時與現代的時空背景不同，現代醫學有許多方法可以評估孕婦與胎兒的健康情形，就醫也相對方便，所以一般的上班、通勤、買菜、出遊，都不太會成為問題。

## 缺鐵性貧血：先養血、才能養胎

在懷孕期間，孕婦體內所需的鐵質，會提升至未懷孕時的四倍，缺鐵性貧血是孕婦生理性貧血最常見的因素。一方面是孕期血漿容積增加，另一方面是孕婦約有四百至五百毫克的鐵質供給胎兒使用，致使血紅素濃度相對被稀釋。除此之外，懷孕初期因害喜、嘔吐而降低食欲，也會影響鐵質的攝取。

鐵質是造血的關鍵原料，要是本來鐵質攝取就不足，懷孕後又沒有適量補充，就很容易造成生理性貧血。根據報告指出，大約有六成的育齡（十五至四十九歲）女性有缺鐵性貧血的現象，其中又以懷多胞胎、吃素、年輕、有抽菸習慣、經常消化不良或便秘等孕婦發生率較高。若體內缺鐵的話，常見症狀有頭痛、臉色蒼白、走路容易喘、疲倦感、心悸等。

胎兒越大，所需要的鐵質也會越多，多半會建議孕婦在懷孕第十三周後，每日增加三十至六十毫克的鐵質攝取量，從飲食中去攝取是最方便也最為安全的。說到補血、補鐵質，很多人的第一印象會覺得要吃很多的「紅肉」，其實，動物性、植物性食物都各有優質的補血補鐵食物來源，補得清爽又順口。

除了大家熟知的一般肉類，豬肝、烏賊、鱔魚等亦有豐富的鐵質，具補血作用的蔬果則有菠菜、甘藍菜、莧菜、金針、蘋果、葡萄、芭樂等，另外，豆類（紅豆、黃豆、黑豆等）、蛋黃、黑芝麻、黑木耳等，也是很不錯的選擇，而且上述食物並無體質上的特別限制。

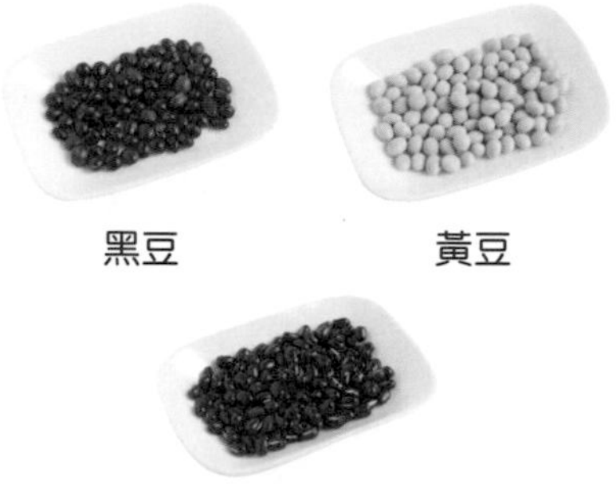


豆類有豐富的蛋白質，也具有補血作用，而且幾乎任何體質都能食用。

好孕養 TIPS
## 如何吸收更多的鐵質？

**配蛋白質吃**

鐵質在酸性的環境相對容易被吸收與利用，高蛋白質飲食最適合與其他富含鐵質的食物一同食用。

**動植物性混著吃**

動物性、植物性的含鐵食物混合著吃，避免單一攝取。多吃含有維生素 C（如水果）的食物和醋。

**濃茶少喝點**

缺鐵性貧血的人忌喝濃茶。茶中的鞣酸會使食物中的鐵質轉變為不溶性的鐵酸，反而妨礙腸道吸收鐵質。

# 每位孕婦都在問「怎麼辦」的事！

女性懷孕之後，為了孕育新生命，生心理都會開始產生變化，有些變化會帶來不適，有些變化則讓人擔心受怕，偏偏孕期「傳說」滿天飛，不僅可能讓準媽媽無所適從，甚至因此諱疾忌醫，本來只是小問題，最後變成棘手的大問題。破除謠言、釐清迷思，才不會被流言蜚語耍得團團轉。

## 頻尿及常有便意該怎麼辦？

近九成的女性在懷孕之後，都會經歷頻尿或夜尿的現象。沒有懷孕的時候，骨盆腔裡的器官各有各的「屬地」，彼此互不干涉。懷孕之後，子宮會越來越大，甚至大到占據整個骨盆腔空間，附近的器官組織也跟著位移或變形。當子宮大到壓迫到膀胱，膀胱的容量會越來越小，以致稍微多喝點水、貯存一點點的尿液，就會有很強烈的尿意，偏偏每每急著跑廁所，解出的卻只是「涓涓細流」。

中醫將懷孕期間小便次數變頻繁的生理表現，稱為「子淋」。類似的情況也可能會發生在消化系統，當腸道受到變大的子宮壓迫，接收刺激的大腸（直腸）更容易產生便意。

不過，到了懷孕第3個月之後，子宮會往上升至腹腔內，骨盆腔有足夠的空間，對於膀胱與大腸的壓迫也就逐漸降低，頻尿、夜尿或常有便意的情形就會跟著改善。

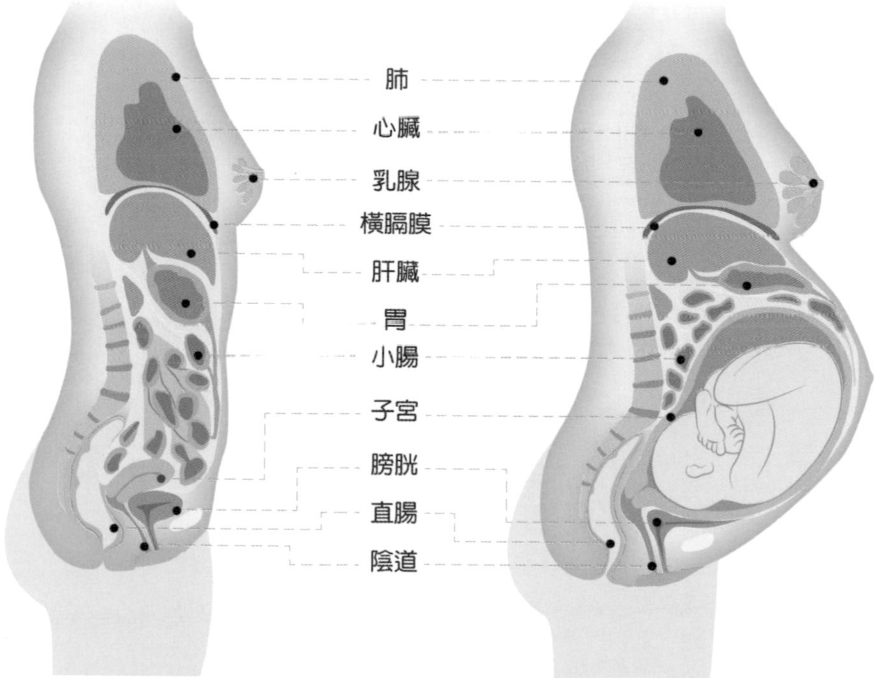


當子宮隨著胎兒的成長越來越大，附近的器官組織跟著位移或變形，功能難免受到影響。

## 腳腫到鞋子穿不下該怎麼辦？

懷孕期間手腳水腫的情況，在中醫稱之為「子腫」，通常在足背、足踝、小腿等部位會腫得特別明顯。在中醫的觀念裡，認為水腫的形成，與肺、脾、腎有著密切的關聯。肺有疏通調暢水液運行的功能，使水液往下、輸入膀胱，而脾則能提取食物及飲液的營養物質，腎是負責全身水液的代謝工作。

由於懷孕時大量精血灌注於子宮養胎，孕婦身體精血如不夠充足，就容易造成臟腑損傷，導致脾虛而失運、腎虛而排泄功能降低，連帶讓水分積在體內，造成「子腫」的發生。狀況不太嚴重的話，通常沒有什麼大問題。曾經有位孕婦手腳嚴重浮腫、腫到連鞋子都穿不下，來找我看診。一問之下才知道，她懷孕之後天天吃大量的水果。後來我開了一些利水藥，並建議她平常多吃紅豆，水腫的情況才得以漸漸改善。

## 白帶變多、局部搔癢該怎麼辦？

在懷孕期間，荷爾蒙平衡隨著改變，陰道內的酸鹼值也會發生變化，會陰部血管擴張造成局部溫熱，容易成為細菌滋生的溫床，以致出現白帶增加、局部搔癢、燒灼感、頻尿等症狀。西醫多半會以使用陰道塞劑及藥膏的治療方式，一旦殺死細菌了，只要多注意個人衛生，通常就可以避免再次感染，若反覆發生千萬不能大意，因為陰道長期處於細菌感染的情況，可能對腹中的胎兒有不好的影響。

我曾經遇過一位孕婦，雖然懷孕期間白帶增加，但她絲毫沒有警覺，自認為是正常的生理情況，直到懷孕九個多月時，白帶量多未改善、甚至造成困擾才就醫。檢查結果竟是羊水滲漏，還好後來病情得以控制，小孩也平安無事。對於孕期白帶增加千萬不可忽視，因為大多數的孕婦很難區分清楚是白帶、還是羊水，只要有分泌物量變多的情況，建議及時就醫檢查。

## 腰痠、背痛、下腹痛該怎麼辦？

隨著懷孕越到後期，子宮也會被撐得越來越大，身體的負重也會因為胎兒的成長而越來越重。為了要支撐住變大變重的肚子，很多孕婦會不自主的挺肚、把肚子往前推，呈現上背或上半身有點往後仰的姿勢，以致所有的壓力都落到腰部，造成局部肌肉的拉扯，甚至無形中傷害到腰椎。若孕婦有嚴重的腰痠背痛情形，要懷疑可能是腰椎前凸或腰椎間盤突出所造成。

很多孕婦會有側腹疼痛的情況，大多數是越來越大的子宮、拉扯到兩側固定子宮位置的圓韌帶所造成，以致有疼痛、痙攣、刺痛的感覺。至於下腹痛很常是因為姿勢的改變，例如，突然站立、彎腰、咳嗽及打噴嚏等，這些情況導致的下腹痛很常見，大概在兩至三周後就會恢復。另外，由於膀胱炎、腸胃炎、子宮肌瘤、流產前兆等，也可能會感覺下腹疼痛，若持續時間過久，千萬不可大意。

## 孕期感冒、咳嗽該怎麼辦？

「懷孕不能吃藥」的不實觀念，讓許多孕婦強忍著感冒不適，而不敢求醫治療。事實上，孕婦確實不能自行服用感冒「成藥」或其他成藥，但前往醫療院所求治時，專業醫師會選用對孕婦及胎兒無害的藥物來治療疾病。在中醫治療中，有些中藥材甚至可以由內在調理疾病，達到治標又治本的效益，不僅把疾病治療好，對腹中胎兒的生長與發育也有所助益。

懷孕期間持續咳嗽的症狀，在中醫稱為「子嗽」，其原因有外感或內傷之分。中醫用藥會避開有降氣、化痰、利尿作用的藥物，這些不只對胎兒會造成不良影響，而且會發生習慣性流產的危險性。不少孕婦擔心吃藥會影響胎兒，於是強忍著不舒服也不願就醫。其實，長期咳嗽會損傷胎氣，子宮收縮、陰道出血等狀況都可能發生，甚至有小產的風險。

曾經就有位孕婦，她在懷孕兩個多月時罹患流行性感冒，因為害怕吃藥會影響胎兒健康，始終沒有就醫治療，以為多喝溫開水、多休息就能對抗病毒。只是兩、三天過去，病情沒有減輕，咳嗽反而越咳越嚴重，影響了睡眠品質。病毒不斷侵襲、免疫力下降，再加上睡眠不足，終究還是不幸流產了。懷孕階段有感冒症狀或不適，及早就醫才是確保孕婦及胎兒都健康的上上策。

10

# 胎教，刺激五感發育

從懷孕開始，孕婦與胎兒就成為生命共同體，孕婦的一舉一動、喜怒哀樂都與胎兒息息相關。胎兒發育到第四周時，神經系統已經開始建立，第八到十一周時，胎兒對於壓觸覺有了反應。孕婦情緒波動（如憤怒、哀傷、緊張）時，胎兒也會有深刻的感受，這將影響胎兒的特質發展。

## 腹中胎兒的「心靈維生素」

當然，養胎可不只「食補」這麼簡單，準媽媽的壓力、情緒、體力負擔、胎教、生活環境等都是關鍵，母體的身心保養連帶影響胎兒的身心發育。食物供應給胎兒生長發育的養分，母親心理層面的穩定則是胎兒的心靈「維生素」，可能與孩子出生後的特質發展有關。

懷孕後，孕婦的心理往往會因為「危機感」而有所改變，向來樂觀的人，也可能出現負面的想法。危機感可能來自各個層面，包括因為懷孕生產而改變的體態、產後的自己瘦不瘦得下來、孩子出生後的家庭經濟能否應付、對胎兒健康與成長環境的憂慮等，此時，務必多找人聊聊天，特別是有經驗的朋友或長輩，閱讀懷孕相關資訊或書籍，也有助減輕心中的憂慮與焦慮。

現代社會雙薪家庭很普遍，多數女性婚後仍繼續工作，只是當工作壓力壓得自己喘不過氣，又加上懷孕期間心境有所變化，就算在胎兒神經系統尚未發育完全的懷孕初期，孕婦的荷爾蒙變化還是會藉由體內毛細作用傳遞給胎兒，也就是說，孕婦的喜怒哀樂都將間接影響肚子裡的寶寶。所以從懷孕的那一刻起，就應設法減少工作量或適度紓壓、盡可能減輕心理負擔。

## 好孕養 TIPS 孕期放鬆心神的湯品

### 玉竹芹菜粥

**適用對象** 情緒緊張、煩躁的孕婦

**材　　料** 白米 100 克、玉竹 12g、枸杞 30 克、芹菜 50 克、鹽少量。

**作　　法** ① 芹菜洗乾淨切碎，備用。② 加入白米、玉竹熬成粥。③ 起鍋之前放入芹菜和枸杞，煮熟即可。

芹菜

**功效** 鎮靜、安神、除煩

玉竹

**功效** 養心安神

白米

**功效** 養胃

枸杞

**功效** 補肝腎，補血

### 百蓮安心湯

**適用對象** 情緒緊張，甚至失眠的孕婦

**材　　料** 蓮子 100 克、白木耳 20 克、百合 50 克、紅棗 10 顆、山藥 20 克、冰糖適量

**作　　法** ① 白木耳泡開，山藥去皮切成丁狀，備用。② 蓮子、白木耳、百合、紅棗同煮約 15 分鐘，需煮至蓮子、白木耳軟熟。③ 加入山藥，煮熟再加入冰糖即可

蓮子

**功效** 養心寧神，於《本經》中提到「主補中養神，益氣力。」

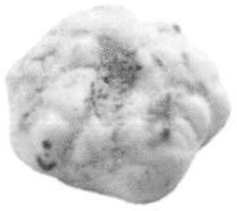

百合

**功效** 寧心安神

白木耳

**功效** 滋陰

山藥

**功效** 益腎，適合思慮過度、精神緊張者服用

紅棗

**功效** 補脾胃、養心安神

---

### 棗仁安神湯

**適用對象** 情緒緊張，甚至失眠的孕婦

**材　　料** 酸棗仁 30 克、茯苓 12 克、百合 12 克、紅棗 10 顆、枸杞 20g、山藥 300 克、冰糖適量

**作　　法** ① 山藥去皮切成丁狀，備用。② 加入酸棗仁、茯苓、百合、紅棗、枸杞、山藥，煮熟再加入冰糖即可。

百合

酸棗仁

茯苓

**功效** 養心安神，穩定情緒

紅棗

**功效** 補血、補肝腎、養心安神

枸杞

**功效** 補血、補肝腎

山藥

**功效** 益腎，適合思慮過度、精神緊張者服用

# 各階段的胎教活動

在懷孕初期，胎兒的個性、人格特質還沒有固定，相對容易受到外界、尤其是母體的影響，也就是說，孕婦所接觸的人事物，無時無刻不在影響胎兒，包括智力、性格、品德或天賦特質的發育。希望孩子將來美麗可人，就要保持好心情，常欣賞美麗的事物，如風景、圖畫、雜誌。希望孩子聰穎伶俐，就要多聽音樂、多閱讀書報雜誌，吸收知識。

此外，輕輕拍打、撫摸腹部，則能給予胎兒相對直接且適當的物理刺激，這種觸碰觸摸的刺激，透過腹壁、子宮壁傳遞，促進胎兒的感覺、知覺，有助大腦的發育，並讓胎兒接收到外界給予的關懷，將來更容易培養親子之間的信賴感。

不論哪一個領域，談到胎教都不免會提到史生狄克夫婦的例子。美國的史生狄克夫婦陸續生了四個女兒，全都是智商超過一百六十的天才。其實，這對夫妻很平凡、也沒有驚人的高智商，當有人向他們請教教養方法時，他們把這樣的結果，全歸功於懷孕0周就開始的胎教。

史生狄克夫婦的胎教法又稱為「子宮對話」。一開始，他們讓胎兒聆聽音樂，接著漸進式使用一些字體大而顏色鮮明的字卡，教導英文字母、數字、計算公式及一些與動植物相關的字詞。或許是進行了「子宮對話」，讓四名女兒出生後就有過人的「學習能力」。雖然史生狄克夫婦的胎教法，尚缺乏不施行「子宮對話」的對照組，故無法驗證一定有效果，但有興趣者試試無妨。

畢竟，在執行「子宮對話」的同時，對孕婦本身是有正向影響的。聽音樂有助保持心情愉快、情緒穩定，視聽教學影音、閱讀書籍的同時抱持學習心態的特質，也可能轉移給胎兒，讓孩子出生後對新事物保持高度的好奇與興趣，提高「學習力」與「思考力」。中西醫的諸多研究中都鼓勵且支持「胎教」的進行，附表歸納出懷孕各階段可嘗試的胎教活動：

| 活動／階段 | 第0周起 | 第4周起 | 第8周起 | 第20周起 |
| --- | --- | --- | --- | --- |
| 保持心情愉快 | √ | √ | √ | √ |
| 聆聽音樂 | | √ | √ | √ |
| 輕輕撫摸腹部 | | √ | √ | √ |
| 看或聽教學影音 | | | | √ |
| 閱讀書籍、報章 | | | | √ |

# 如何觀察胎動是否正常？

胎教是很重要，也有其必要的。所謂胎教是在懷孕期間，營造一個良好的孕育環境與心態，讓胎兒得以正常發育。懷孕來到二十周時，胎兒已經可以被視為一個小孩了。從這個階段開始，還在腹中的胎兒擁有學習、對話、交流的能力，當然，這些都要透過孕婦的視覺與聽覺，間接傳達給腹中的胎兒。

此外，大約在懷孕十六至二十周時，孕婦就可以感覺到腹中的胎動，但越接近懷孕後期、胎兒足月，胎動的頻率會越來越少，因為胎兒體型變大了，子宮內的羊水容量變少，胎兒可活動的空間變小，故胎動的頻率會越來越緩。

孕婦可以自行觀察胎動的頻率，自懷孕二十八周起，每天分別在早上、中午、晚上的時候，各利用一個小時來觀測，測量時最好採靜坐姿勢。若平均每小時的胎動少於三次，則可能有所異常。尤其高齡初產的孕婦，在定期詳細產前檢查外，更應經常密切關注胎動，必要時進行羊膜腔穿刺術等遺傳性疾病篩檢，避免產下畸形兒的風險。

透過胎動的頻率可以觀察胎兒的健康狀況。造成胎動異常的原因很多，常見的有臍帶繞頸、胎盤功能不佳、胎盤剝離、母體發燒等，所以一旦發覺異常，應盡速就醫檢查，諮詢專業婦產科醫師以找出原因。

我有一位醫師朋友，結婚多年都在求子，好不容易「做人」成功，自然十分寶貝肚子裡的小孩。懷孕九個多月時，太太發覺肚子的寶寶不太對勁，似乎沒有胎動，趕緊去醫院檢查，才知道竟是臍帶繞頸，導致胎死腹中。他們夫妻倆傷心欲絕，也十分自責，直到七、八年後才再度懷孕。

〔輯三〕

# 坐月子 吃好，睡好，「坐」的好好！

11

# 改善體質最佳時機

月子坐的好，能從內裡調到外在，孕前體質虛寒、貧血、過敏、皮膚病、氣喘或腰痠背痛等病症，都有機會透過坐月子來改善。所以有人說「生育是改變體質很好的時機。」產婦將胎盤、惡露、血液等排出體外，子宮就像是被大清掃一番，促進「新陳代謝」，體內的血液、細胞、組織都是新生的。

## 現代科學證實有必要的傳統習俗

不論過去或現在，多數人都很強調產後坐月子的重要性，這被視為產婦恢復身體機能的必要階段。在以前物資相對匱乏的年代，產婦在坐月子期間會被「要求」大量補充營養，唯有恢復體力與健康，產後才能繼續為家裡幹活。隨著時代的變遷、社會型態的改變，坐月子也趨向「科學化」模式。

在古代社會裡，媳婦背負著傳宗接代的任務，加上當時衛生與醫療條件落後，一次生產下來，不死也傷，身體虧損嚴重，更別說女性往往得生上五、六個才得以「封肚」。生產後的這一個月，就像公婆給幾乎全年無休的媳婦的假期，一方面對外展示有善待自家媳婦，一方面期待媳婦奶量充足、哺育孫輩，並早日恢復健康，重操家務。於是，坐月子便相沿成習，時至今日，坐月子仍是產後大事之一。

坐月子是很多東亞國家（如臺灣、中國、日本、韓國等）的傳統習俗，這些地區深信產後坐月子與進補有助於恢復體質、體能，多數西方人沒有這種觀念，大概有人會以「東方人與西方人體質不同」來詮釋這樣的差異。不過，就算中西方文化上略有差異，但對於婦女產後要多休息、多補充營養、避免感染風險的堅持，卻是一致的，西方醫界對於產後照顧也是相當重視，他們把這段期間稱為「post-delivery care（產後護理）」。

美國明尼蘇達大學曾做過一項調查，就發現「生產後沒有妥善照護的女性，其身體機能將難以恢復以往」，其中包括產婦體重不容易回復、乳房會疼痛等，最常發生的則是掉髮或便秘，還會有疲倦、頭暈、出汗、手麻、痔瘡、食欲差、長青春痘、臉潮紅等情況。此外，抵抗力會明顯減弱，甚至陰道乾燥、性愛不適，導致性欲降低。

根據研究資料顯示，身處於有坐月子習俗地區的婦女，約在產後六個月以內，體內的鐵質含量就能恢復到懷孕前的水準（300至600mg），比起西方婦女要迅速很多，這完全是拜坐月子所賜。由此，便可以了解傳統歷史文化重視坐月子及進補，是有其道理與根據的。

## 產後調理的2個階段性任務

近年來，越來越多人重視養生，也意識到體質調理的重要性，健康不能只是「看起來」，而是要「由裡到外」、從「根本」調理。這樣的觀念與中醫的理念不謀而合，坐月子是多數女性體質調理的重要階段，也是歷經懷胎十月的女性，難得可以好好休養的假期。

### 坐月子調理要分成前後2階段

懷孕生產會造成女性身體機能和精神的耗損。坐月子期間則是調養身心、恢復體能的黃金期。一般情況下，建議至少要坐足三十天（四周），坐到四十天通常才能恢復到最理想狀態，如懷孕後腎盂及輸尿管的生理性擴張需四周以上才能恢復，子宮要回復到產前的拳頭般大小需六周，胎盤所附著的子宮內膜處再生完成需六周，產後腹壁鬆弛要六至八周才能恢復。

值得注意的是，生產後的前三天，產婦處於相對虛弱的狀態，所以不宜太過營養的食補，應該食用容易消化的半流質飲食，如米湯、稀飯、蛋花湯等。少量多餐（每天四至五餐），每餐都不要吃太飽，不要偏食。除非有腎臟疾病，否則並無特別限制鹽、水的攝取，但仍建議避免過鹹、喝太多水，以免因頻尿而睡得不安穩。以中醫觀點而言，坐月子期間的調理分為兩個階段，因應不同階段的目標，會有不同的調理方式與建議。

### ■階段1：排除惡露、促進代謝

生產後的第一至十五天為第一階段。此階段主要是幫助產復將子宮內的惡露排除乾淨，以恢復子宮機能。一開始會先以利水、消腫的調理為主，使用具有補氣補血、促進發汗、促進排尿與水分代謝之藥膳做為食補，接著則會以加強產婦的新陳代謝、預防腰痠背痛為重。

產後前幾天飲食不宜太過營養，清淡易消化的稀飯是半流質食物的首選。

### 階段2：提升免疫力、病理調理

第二階段則是指產後的第十六至三十天，此階段尤其要注重產後體力復原，針對孕婦個人體質進行補血、補氣，以幫助體力的恢復。產婦因為生產時精血耗盡，會有免疫功能降低、抵抗力不足的情形，最需要充分的休息及充足的營養，就是所謂的一般體質調理。至於，產後造成的一些常見病理反應，如水腫、便秘等，要針對個別症狀來處理，稱之為病理性調理。

## 上次月子沒坐好，可以再生一胎補救嗎？

不同以往只能在家裡，如今坐月子的方式變多了，更能因應個人需求與便利性做選擇，不僅可以在家裡坐月子，也可以去月子中心，月嫂、月子餐等相關服務，應運而生。此外，隨著醫療技術的進步，女性在妊娠期間就能做好產前照顧、調理，為生產做適當準備，避免產後的元氣大傷。

### 上次沒坐好的月子，可以這次一起補救嗎？

在診間，常遇到想生第二胎問我這個問題。她們通常是因為前一胎沒有好好坐月子而吃足苦頭，體會到坐月子的重要性，甚至因此想再生一胎，再坐一次月子，以彌補健康上的損失。不過，這樣做真的行得通嗎？

其實，答案是肯定的，而且有了第一胎坐月了的經驗，第二胎更能補足之前疏忽衍生的小毛病，如頭痛、腰痠、抵抗力變弱等。但邊坐月子邊照顧新生兒或其他小孩，是很難徹底休息及調養的，最好的情況是可以找到後援協助，產婦才能無後顧之憂坐好第二次的月子。

**■ 我上一胎月子沒坐好，又不想要再生了，是不是就沒救了？**

這個問題也是診間常被問到的問題。事實上，月子沒有坐好所造成的傷害並非完全不能彌補，透過一般體質調理是有機會修復的，只是調養所需要的時間相對長，所以即使沒有要生下一胎，也不需要太過於擔憂。

## 別把迷思當事實，清潔衛生尤其重要

傳統的坐月子習俗有很多禁忌，長輩常會叮嚀「這個不可以」「那個不可以」，很多都違反最基本的個人衛生習慣（如洗頭、洗澡、刷牙等）。例如，頭痛並非坐月子期間「洗頭」所引起，而是身心俱疲引發的緊張性頭痛，或產前照顧不良引起的高血壓性頭痛。關節疼痛不是「洗澡」或「下床活動」所致，長期操勞、營養不良才是主因。

## 這些不是迷思，務必「坐」好「坐」滿

有些「非坐月子期間」就該避免的細節，產後孕婦需要更嚴格遵守，像是洗頭後不吹乾、洗澡後不注意保暖、硬是要熬夜追劇（用眼過度、睡眠不足）、飲食觀念不正確（營養攝取不均衡、食物選擇不恰當）等，若產後坐月子期間依然故我，日後恐為肩痛、腰痠背痛、關節痛、手腳冰冷、視力減退、體力不佳、皮膚粗糙等情形所苦。

有些自古流傳的坐月子期間應注意事項，確實有其道理，有遵守之必要。即使在夏天坐月子，也不可以直接吹冷氣、洗冷水澡，否則日後容易發生骨頭痠痛的現象。冬天更要注意室溫，必要時可以空調來改善溫度及溼度。多休息、睡眠充足是產後首要任務。適度運動、走動可以幫助腹部收縮，但產後兩周內嚴禁搬提重物，以防子宮脫垂。飲食方面則要多攝取溫熱、營養的食物，多吃補血性溫的水果，如龍眼、櫻桃、葡萄、紅棗等。

坐月子期間建議多攝取補血性溫的水果，有助於子宮機能的修復。

## 聽說坐月子洗澡會得「月內風」？

坐月子期間是可以洗澡的。自然產可於產後第二天先以熱水擦澡，約五至六天後、會陰傷口癒合良好即可淋浴，約兩、三周後，惡露排除乾淨，便可採用盆浴。剖腹產在產後第二天後、若體力許可，可以擦澡，但要注意腹部傷口保持乾燥，淋浴要等到傷口完全癒合之後。

不過，在洗澡過程中，不論天氣冷熱，浴室要維持適當溫度，冬天可於沐浴前以暖風機調節溫度，門窗緊閉，用溫水洗澡，夏天時更不可貪涼洗冷水澡或擦澡。淋浴完畢後，徹底擦乾身體，穿好衣服再走出浴室。因為沐浴後毛細孔擴張、忌冷風，受涼恐得到所謂的「月內風（產後風）」。

月內風是民間俗稱的病名，未見於中醫古籍中，簡單來說，指的是產婦於坐月子期間受了風寒而留下後遺症。以中醫理論來看，「月內風」可以泛指坐月子期間因沒有注意生活調護或禁忌，所產生的各種病痛，如頭痛、頭暈、抵抗力變差（容易感冒）、四肢冰冷、畏寒、體質變虛弱、腰背痠痛等症狀。

## 如何進行「外陰部」清潔與護理？

產婦務必特別注意外陰部的清潔、並盡量保持乾燥。自然產婦外陰會有切開縫合後的傷口，陰道、子宮頸、子宮內也會有創面尚未癒合。正常情況下，子宮惡露會在產後三周內陸續排出，以致外陰及肛門處常會有血跡穢濁之物，若不注意外陰部的清潔與護理，很容易造成創面感染。

會陰部護理方式很簡單，把熱開水放涼成溫開水後，將溫開水用小水壺（沖洗瓶）裝盛，壺嘴向著腳的方向、沖洗陰道下方到肛門口上方，會陰部可用無菌棉籤由上而下清理、擦拭。每次上完大小便、更換衛生護墊、擦藥前，都需以溫開水沖洗乾淨，至少持續二周以上，預防傷口感染並緩解不適。

## 口腔出問題不是犯禁忌惹的禍！

生產過程體力消耗，產後尚未恢復，坐月子期間大多攝取高蛋白質、高糖的食物，不加強口腔護理，食物殘渣長時間殘留在牙縫與牙齒的冠面、溝凹內，發酵產生酸性物質，就會侵蝕牙齒的琺瑯質。琺瑯質是牙齒外層的防護網，被侵蝕後會使更多病菌侵入牙齒內，產生更多的牙病。產婦在坐月子期間至少要做到進食後漱口，早餐晚餐後刷牙。用水是以熱開水放到溫，再拿來漱口或刷牙。

很多產婦發現自己坐月子期間，牙齦很容易出血，主要是血液循環的關係，整個孕期血液循環都處於高凝狀態，這是為了生產時能及時形成血栓、預防產後大出血的身體自我保護功能。在產後七十二小時高凝狀態逐漸就恢復了，正常的凝血物質就減少，所以刷牙容易發生出血現象。

可見傳統坐月子禁忌說「產婦刷牙，以後牙齒會酸痛、鬆動。」恰好與事實相反，坐月子期間不好好刷牙，牙齦炎、牙周疾病、齲齒等，很快就會侵害口腔。另外，不建議產婦吃太硬的食物，因為產前懷孕激素高，產後身體代謝率減慢，若牙齒損傷，需要較長時間來恢復。

## 乳房清潔與護理，有助提升哺乳順暢度

對哺餵母乳的產婦而言，乳房的護理與清潔格外重要，有促進乳腺通暢，矯正畸形乳頭的功用。每次餵乳前，最好先用肥皂洗淨雙手，再用棉花或紗布沾溫開水清洗乳頭。此外，須留意乳頭有破皮或起水泡，患側需暫時停止餵奶，以保持傷口乾淨、乾燥，並依醫師指示塗抹抗生素藥膏，待傷口痊癒後再繼續哺餵。

產婦在沐浴時，可以使用中性肥皂、清水來清洗乳房，並要特別注意乳頭及其周圍的皮膚。清潔時，水溫不宜過高，以免燙傷乳房皮膚，用溫水毛巾抹上肥皂，以環形法由乳暈向外擦洗，乳頭則只要用清水洗過即可，切勿用刺激性的肥皂，或含有酒精的沐浴用品。

## 坐月子的衛生護理守則

**身體清潔**

產後2天，會陰或剖腹傷口癒合可淋浴，惡露排淨可採盆浴。沐浴後要徹底擦乾、穿好衣服，再出浴室。

**外陰部護理**

熱開水放置成溫水，以沖洗瓶裝盛。壺口朝腳、沖洗陰道下方至肛門口上方，會陰部可用無菌棉籤由上而下擦拭。

**口腔衛生**

早晚餐後刷牙，每次進食後漱口。用水是以熱開水放到溫。不建議產婦吃太硬的食物。

**乳房照護**

沐浴時，溫水毛巾抹上肥皂，以環形法由乳暈向外擦洗，乳頭只需用清水洗過。

# 12 食補藥補，剛剛好最好

中醫將人體視為一個小宇宙，重視內部陰陽寒熱虛實的平衡，所謂「產後大虛」是指產婦身體處於虛寒的狀態，所以在食物或食材的選擇上要格外留意。透過中藥材與食物烹調成的補身佳肴，更不是「能補盡量補」，要是吃錯了，補品可能會變成傷身的毒藥！

## 營養均衡就是最棒的月子餐

就營養學的觀念而言，坐月子期間只需要均衡攝取各類食物，如魚、肉、蛋、奶、蔬菜、水果等，並不是吃越多越好，而是要重質不重量。另外，因為產後身體虛弱、抵抗力尚未恢復，盡量不要吃寒性及冰涼食物，如木瓜、西瓜、水梨，富含維生素C的水果也要克制，如番茄、柳橙等，並禁飲冷飲與冰水。

以溫熱性食物來調節，確實有助氣血運行、幫助體質恢復，不過，臨床上亦觀察到多數婦女產後胃口變差，易感燥熱、口乾，對麻油雞和豬肝這類食物敬而遠之，其實也無妨，可以改吃小魚粥等口味較清淡且好入口的食物，不只有助於補充熱量，還能攝取蛋白質及水分。當身體經過一段時間的調養，體質與剛生產完時不同，應該依當時症狀來選擇食物的種類（如附表所示）。

舉例來說，雖然生產過程會流掉大量血液，但若懷孕階段，鐵質及蛋白質攝取足夠的話，孕婦體內的血量會因此自然增加35至50%，凝血功能也隨之提升，只要生產過程沒有難產等意外情事，流失的血液控制在一千毫升以下，都不致造成身體過度虧損，當然就沒有刻意進補的必要性。

| | 症狀 | 適合食物 | 禁忌食物 |
|---|---|---|---|
| **寒性體質** | 臉色蒼白、四肢易發冷、怕冷、常精神萎靡、不易口渴、喜愛喝熱飲、大便稀軟、頻尿、唇色淡白、舌苔顏色白、濕潤、脈搏細沉無力 | 可以多吃較溫補或平性的食物，促進血液循環，達到氣血雙補，兼具預防腰酸背痛之效果，原則上不要太油，以免腹瀉。 | 寒涼性之蔬菜、水果及藥膳。 |
| **熱性體質** | 體溫較高、臉色比較紅、易煩躁不安、易口渴、喜愛喝冷飲、易便秘、小便比較少、顏色比較深、唇色紅、舌苔黃、脈搏有力 | 可以多吃平性或降火氣的食物，讓身體不至於太過躁熱。 | 溫熱性之蔬菜、水果及藥膳。 |

中醫將人體視為一個小宇宙，尤其重視內部陰陽寒熱虛實的平衡，所謂的「產後大虛」指的是產婦身體處於「虛寒」狀態，因此認為坐月子期間最好忌吃生冷食物。坐月子的飲食調理各地習俗不太相同，傳統家庭是以豬肝、豬腰子、麻油雞等食物來進補，多用米酒烹煮。然而，中醫婦科相關典籍中，綜合宋、明、清三個朝代的婦科醫家理論，都建議不要吃太油膩，因為產後腸胃蠕動較差，容易腸胃消化不良，引起脹氣或便秘。

## 破解坐月子飲食的5大流言

曾經有一位來找我減重的患者，分享她坐月了時的「駭人」經驗。她說，人生中最幸福、也最恐怖的日子，就是坐月子的時候。由於她生產時間比預產期提早一周，家人對她的照顧可說是無微不至，時不時就叮嚀著，什麼東西要多吃、什麼東西不要吃，而且內容還會不斷更新。

此外，補品的提供也不曾間斷，一開始甚至每天都有一隻雞，幾天下來她實在受不了（吃不完），幾番溝通和抗議之後，才變成兩天吃一隻雞就好。坐月子一個月下來，離懷孕前的傲人身材更遠了，只好來向我求助瘦身。坐月子期間不只這種「能補盡量補」的方式令人困擾，也有很多「說法」需要被釐清：

## 流言①：只能吃母雞、不要吃公雞？

很多人在坐月子的時候，要用到雞肉時，都會刻意選擇母雞。產後體內雌激素（estrogen）與孕激素（progestogen）降低，會影響促進乳汁分泌的催乳激素（prolactin）。母雞卵巢中只含有少量的雌激素，只吃母雞會使催乳激素作用減弱，導致乳汁不足。反而是公雞連睪丸同煮，其雄激素（androgen）可以拮抗雌激素，使乳汁分泌更豐富。加上公雞脂肪含量較少，可以減少熱量的攝取。

## 流言②：雞蛋不限量，多吃多健康？

蛋白質確實是構成細胞的主要原料，生產後身體需要大量的蛋白質來修補。有些傳統觀念認為，坐月子期間要多吃雞蛋，恐是過去農業時代物資匱乏，吃肉取得相對困難，所以雞蛋被當成補品。但隨著時代進步，已經很少人有營養不良的情況，加上產後身體虛弱，大量雞蛋可能會增加腸胃負擔，引起消化不良，建議每天最多2顆就好。坐月子期間補充蛋白質很重要，但要記得多元攝取，肉類就是良好的蛋白質來源之一。

雞蛋營養價值高，但坐月子期間仍建議以每天至多2顆為限，避免增加腸胃負擔、消化不良。

## 流言③：紅糖水補血補鈣，多喝多健康？

紅糖是甘蔗汁去除有機酸和部分雜質後濃縮而成，含有多種維生素和人體所需要的微量營養素，如葉綠素、葉黃素、胡蘿蔔素、鐵質等。紅糖營養價值確實比白砂糖高出許多，其所含葡萄糖為白糖的二十五倍、鈣質是白糖的三倍、鐵質是白糖的兩倍，對產後補血、補鈣很有助益。紅糖具有利尿作用，減少膀胱餘尿及尿液滯留。不過，食用紅糖不宜過量，以防造成惡露中鮮血增多，失血過多會影響產後康復。值得提醒的是，紅糖是從甘蔗汁中提煉出，所以雜質較多，煮沸後放至沉澱再飲用。

適量攝取紅糖水，不僅有助產後補血、補鈣，利尿作用能減少尿液滯留的情況。

## 流言④：身體要調好，必吃麻油雞湯？

很多人認為麻油雞湯是坐月子期間，關鍵重要的食補項目，但可不是生產完馬上就能喝，懷孕期間及生產結束後一周內，完全不能食用麻油雞湯。從前認為麻油雞湯非常滋補，是可以提供豐富營養的首選，於是坐月子期間天天照三餐喝，事實上，麻油雞湯雖有溫暖作用，卻易上火，食用過多會促進子宮收縮，易引發孕婦早產或子宮大量出血。

## 流言⑤：坐月子期間滴水不能沾？

有人說，坐月子期間不可貪沾一滴水，也不可吃稀飯、牛奶、果汁等，不然會患風溼病、神經痛，還會內臟下垂，這些都是誤導社會大眾的錯誤觀念。生產時喪失大量體液（如血液），產後又容易流汗，限制水分攝取恐使體內電解質不平衡，造成脫水現象。只以米酒水、藥膳湯來解渴，可能越喝越渴越上火。所以要攝取充足水分，喝些較清淡湯品，如銀耳湯、山藥湯，或水果切塊煮成水果茶，雖寒性水果煮食後就不致過於寒涼，但仍建議以葡萄、龍眼、櫻桃等溫性水果為主。

## 養身不傷身的藥膳服用守則

坐月子藥膳多用溫補類的中藥材和食物來搭配，烹調成美味、補身的佳肴。產婦凡有異常症狀，如惡露排不乾淨、腹痛不止等，服用前，必須先尋求醫師治療，再來斟酌服用。若身體無異常，則多可放心服用，但安全起見，仍建議要諮詢專業中醫師後使用，才能達到藥膳真正的功效又不傷身。

## 沒症狀、想溫補，藥材減半就OK！

坐月子期間不僅飲食上要特別注意，針對不同體質或症狀的產婦，也有不同滋補或調養身體的方法。專為產後身體恢復而設計的藥膳，皆有其主治之症，對症服用才能讓食補藥補發揮功效。若產婦沒有對應的症狀，卻想要藉此溫補身體的話，可以將藥材的份量減半後使用。唯須格外留意的是，產後七天內，不可服用含有肉桂、黃耆、人參的藥膳。

## 生化湯易踩雷，自然產、剖腹產有區別！

生化湯在產後第二至三天便可以開始服用，其最重要的用意在於協助排惡露、生新血。若平時就有手腳冰冷、氣血不足、容易失眠、體力不足、容易疲倦的情況，自然產的產婦可以服用生化湯約十至十三帖左右，剖腹產的產婦則於排氣後約服用五至七帖即可。以避免長期服用引起凝血機能障礙、惡露不止。臨床上，就遇過婆婆媽媽說自己的媳婦或女兒惡露不止、造成貧血，一問之下，才知道是中藥房建議產後要服用三十天的生化湯燉補藥膳。

## 肉類藥膳空腹喝，各種營養都獲得！

身體健康狀況原本就不錯的產婦，每天一至二帖肉類藥膳，約服用三至四天就可以補回大部分的虛損。在藥膳中搭配肉類的目的之一，就是讓食材中的營養元素（如蛋白質等）溶入其中，提升整碗湯的營養價值。肉類藥膳在空腹服用，效果更佳。冬季坐月子的藥膳食材可選用羊肉，相對溫熱、溫補，效果也較好。夏季建議選擇魚類、豬肉，春秋季則可以魚類、雞肉、豬肉為主。

## 關注飲後身體狀況，調整藥膳服用頻率！

有些產婦服用藥膳之後，會出現上火的症狀，如牙齦腫痛、口乾舌燥、腹瀉、頭痛等不適，情緒也可能因此受影響，有煩悶、易怒、暴躁等表現，本來體質就偏燥熱的產婦，更容易如此。若有上述症狀，就應該要立即停止服用。相反地，若服用某些藥膳之後，明顯感受到精神變好、體力恢復許多，就可以多服用幾帖，但要分散服用的時間，絕對不是全部擠在同一天或同一餐。

## 坐好孕 TIPS 好喝又能調身體的藥膳甜飲

### 燕窩銀耳羹

燕窩 10 克 ＋ 銀耳（白木耳）20 克 ＋ 冰糖 適量

**作　用** 滋陰補肺

**適　合** 夏季支氣管炎、高血壓、心肺不適

**作　法**
① 將燕窩清水刷洗後，放入熱水中浸泡 3 至 4 小時，接著去毛絨後，再放入熱水中泡 1 小時。
② 銀耳用清水浸泡 1 小時。
③ 以瓷罐或蓋碗盛入燕窩、銀耳、冰糖，隔水加熱燉熟後可服食

**建議服用頻率** 每日早晚各 1 次，可連吃 10 至 15 天

---

### 百合蓮子飲

百合乾 10 克 ＋ 蓮子 10 克 ＋ 銀耳（白木耳）10 克 ＋ 綠豆 45 克 ＋ 冰糖（或蜂蜜）適量

**作　用** 滋陰益氣、養血安神、補脾胃、清熱解毒

**適　合** 脾胃虛弱、皮膚乾燥、失眠

**作　法**
① 將百合乾和蓮子肉用溫水浸泡至發軟。綠豆泡水。銀耳用水發開、洗淨摘成小朵。
② 將百合、蓮子、銀耳、綠豆等清洗乾淨，並分別蒸熟。
③ 將所有蒸熟的材料一起放入果汁機攪碎即完成。

**建議服用頻率** 每日 500C.C.，可做為坐月子期間的點心

13

# 產後睡眠差，問題很大條

坐月子期間無法好好睡覺的因素很多，除了要照顧寶寶，也會因為傷口疼痛、負面情緒、無助感、疲勞感、焦慮感、外在環境等，出現產後失眠、多夢、淺眠等情況。很多新手媽媽在抱著孩子的那一瞬間，會短暫忘記一切生心理的疼痛和不適，畢竟母愛的力量是很偉大的。不過，睡眠不足造成影響也不小。

## 不只要睡得飽，還要睡得好

坐月子期間，產婦即使不能入睡、沒有睡意，都應該要躺下來休息，休息指的是真正的放鬆身心，如不要滑手機，以避免任何刺激或訊息，大腦才能徹底放鬆。該睡覺時間卻睡不著時，也不要給自己壓力，即使是靜靜的躺著發呆、放空，對體力的恢復、疲勞感的舒緩都是有幫助的。

## 避免產後憂鬱、促進母乳分泌

睡眠對產婦來說格外重要，不僅能促進生理機能恢復，獲得充分休息與放鬆，還能穩定精神狀態、有助母乳分泌，避免產後憂鬱症和產後缺乳的發生，不論對於產婦或寶寶都有影響。舒服、安穩、安心的好眠，睡到自然醒的任性，必然是最讓人嚮往的事。若坐月子期間不得不自己照顧寶寶，一定要趁著寶寶熟睡的時段找機會補足睡眠。

曾經有位朋友幸運地生下一對雙胞胎，初為人母的她摸不清嬰兒的習性，兩個孩子哭鬧不休，一下要餵奶，一下又要換尿布，整天下來，不只體力透支，睡覺時間也少之又少。加上不敢開口向公婆求助，沒多久就引發產後憂鬱症，整天鬱鬱寡歡，甚至不時抱著孩子痛哭。就算後來婆婆接手照顧寶寶，她仍有些神經質、情緒起伏大、睡得不安穩。最後，在我的建議下，使用安神助眠的藥方，情況才漸漸好轉。

## 重質也重量，睡眠也可以補血

一個好的睡眠要具備「質」與「量」等條件。質，就是指良好的睡眠品質。質往往與環境有很大的關係，包含溫度、溼度、光線、空氣、寢具、噪音等。量，就是睡到飽、睡到自然醒，包含睡眠時間長短、睡眠時段。至於，到底睡多久才算足夠，每個人的標準都不同，而且可能差距很大。有些人習慣早點睡、才覺得有睡飽，有些人覺得早上十點自然醒、才有睡飽的感覺。有的人睡三、四個小時就精神奕奕，有的人不睡滿八小時，就整天精神不濟。

無論如何，還是建議產婦在坐月子期間，盡量在晚上十二點以前就寢，因為晚上十二點之後是人體生理時鐘休養期，包括肝、膽、肺、大腸、經絡等，都得在人熟睡或進入深度睡眠的狀態時，才能充電、排毒。此外，食補之外，睡眠也可以補血，晚上十二點至凌晨四點期間，為脊椎造血時間，造血功能必須在熟睡時才會啟動。

- 避免產後憂鬱
- 啟動造血功能
- 促進母乳分泌
- 穩定日常情緒

## 布置一個適合睡覺的環境

過去，因為坐月子的禁忌很多（如不能吹到風、窗戶緊閉等），使得產婦坐月子的環境多半又溼、又悶，甚至充滿異味，光醒著就渾身不對勁了，更別說要好好睡一覺了。

如今，雖然還是有些坐月子的「眉角」需要顧忌，但不妨試著在依循古時觀念、不違反禁忌下，布置一個適合產婦睡覺的寢室。

## 維持最舒適的睡眠溫度（25℃）

一般來說，睡眠最舒適的溫度為25℃。冬天氣溫低時，可以用暖氣來為室內加溫。夏天天氣炎熱之際，偏偏電扇、冷氣、自然風都算是六邪中的「風邪」，容易使產婦感冒，並不能直吹產婦，不妨將電扇朝反方向吹，讓風打在牆壁再反彈回來，達到空氣流通的目的。開冷氣的話，出風口要向著無人的位置吹，調整到適宜的風量、溫度，有感受到涼意即可。孕婦睡覺時最好穿著寬鬆、輕薄的長袖衣物，預防感冒。

## 降低溼度，避免你的床變塵蟎溫床

出太陽、天氣好的時候，將寢室的門窗打開，有助於降低室內的溼氣，若連續幾天陰雨綿綿，必要時可以使用空調、除溼設備來改善環境溼度。尤其產婦為過敏性體質，容易鼻子過敏、打噴嚏的更要注意，因為臺灣終年潮溼，完全符合塵蟎的生存需求，塵蟎為誘發過敏疾病的最主要過敏原。加上床鋪、棉被、枕頭等寢具裡都布滿了人的皮屑，正是塵蟎類生長繁殖的最佳溫床，人睡在這樣的床上，自然不得好眠。

## 把光線與聲音的干擾降到最低

有些人晚上睡覺有開小夜燈睡覺的習慣，其實無所謂。房間有對外窗的話，睡前記得先拉起窗簾，這樣隔天太陽升起時，就不會被陽光打擾、中斷睡眠。白天睡覺時，盡量在微暗的環境裡，有助於進入較深層、放鬆的睡眠階段。寢室內，最好不要有電話、電視、電腦，手機也要盡量遠離，避免睡眠途中被打擾。由於屋外雜音很難控制，尤其是白天，難免有些吵雜，所以趁夜深人「靜」睡覺是最好的選擇。

## 躺下去想睡，是最適合自己的床

現代醫學研究發現，不理想的床墊是脊椎發生問題的致命傷。順應身體曲線變化，且有支撐點來分散支撐任務，理當為最理想的床。質材與床面的支撐力息息相關，材質要軟硬適中，太軟的床睡起來身體會陷入床中，睡眠時脊椎呈彎曲狀，易導致腰痠背痛。太硬的床會造成身體高低不平，過度壓迫接觸體側（如背、臀），影響血液循環，肌肉無法鬆弛。每個人適合的「好床」不一樣，最重要的是躺下去有舒適、想睡的欲望，才是最適合自己的好床。

## 睡姿與睡眠品質的關係是……?

躺在床上、準備入睡時，有人仰睡、有人側睡、有人趴睡，都沒有所謂好或不好，只是習慣問題。不論怎麼睡，睡著後，身體會依據肌肉狀況做反射動作，自行調整睡姿數次至數十次。因為一個肌群長時間維持同一姿勢、處於受壓或伸展狀態過久，必須改變姿勢，以獲舒緩。傳統習俗說坐月子要「正躺」，是基於腹部或會陰的傷口照護及惡露清潔問題，不過，現今衛生墊非常方便，幾乎沒有這樣的困擾了。

# 做到4件事，產婦就能睡睡平安

臨床上，聽過不少新手媽媽說自己老是睡眠不足，造成負面情緒、心情低落，有時候，想好好睡一覺，偏偏才準備躺下來，寶寶就像有心電感應般，馬上就開始哭起來，只能放棄想睡的欲望，起身哄孩子，卻越哄越哭鬧，時間一久，身心疲憊不堪。萬一轉頭又看到另一半呼呼大睡，煩躁感與無助感恐怕直線上升。試試看以下4個方法，提升坐月子期間的睡眠品質：

## 方法①：選擇可以安定神經的食物

葉酸與維生素B群中的$B_{12}$、$B_6$、$B_2$等，都有助於改善睡眠品質，常見食物有全麥食品、綠色蔬菜、豬肉、牛奶、牛肉、蛋類、花生等。色胺酸則被稱為天然的安眠藥，更是大腦製造血清素的原料，讓人的腦神經獲得充分放鬆，從而減少神經活動而引起睡意，香蕉的色胺酸含量最高，堅果中以南瓜子、葵花子、芝麻為首選，豆腐、黃豆、魚、肉類、奶也含有豐富的色胺酸。此外，富含鈣質食物有安定神經和改善睡眠的作用，如牛奶、芝麻、豆類等。

牛奶

南瓜子

香蕉

色胺酸被稱為天然的安眠藥，有助安定神經、改善睡眠問題，日常即可從食物中攝取。

## 方法②：不必凡事靠自己，務必適度向外求援

新手媽媽照顧寶寶不熟練，難免會遇到挫折，這種時候千萬不要想著自己就能搞定，而是要適時向外求援，否則長期睡眠不足、情緒低落，身心俱疲之下，自己跟寶寶都顧不好。別把問題想太困難，最好的方法就是開口求助，讓家人或保母跟自己輪流顧，爭取更多睡眠時間，減少身心疲憊感與焦慮感。即使是親餵的媽媽，把母乳擠進奶瓶，

或一邊乳房哺餵、另一邊用擠乳器收集母乳，半夜就能請家人幫忙哺餵，睡眠不會中斷，每天至少多睡兩、三個小時。

## 方法③：與寶寶保持近距離

把寶寶的搖籃或嬰兒床放在靠近自己的位置，寶寶開始騷動的時候，就可以第一時間哄他和餵他，再放回搖籃或嬰兒床也很容易，省下要跑到另外一個房間的時間與體力，心情上也比較不會那麼緊張。一般情況下，嬰兒每天至少要睡十五個小時，成人只需要睡眠七至八小時就夠了，所以寶寶睡覺的時間，不要管什麼白天還是晚上，就是媽媽可以躺下來、休息放鬆的時候。短短的休息時間，能讓媽媽充飽電、維持精力。

## 方法④：睡前半小時，不要做要動腦的事

很多難以入睡的新手媽媽來說，會乾脆選擇躺在床上，一邊追劇、看電視、玩手遊，一邊培養睡意，這些確實是很好的放鬆活動，有助轉移身心疲勞或負面情緒，但並不適合在睡前做，白天做比較適合。因為螢幕光線刺激，要是又過度融入劇情，往往讓人聚精會神、處於高度思考狀態，反而更難入睡。在睡前半小時，尤其是晚上就寢前的時間，盡量不要從事動腦、操勞的活動，要以讓自己放鬆的靜態活動為主，如看書、聽輕音樂、敷臉等，更利於睡眠品質的提升。

坐好孕 TIPS

## 終結負能量的助眠茶飲

### 佛手安神茶

**材　料** 佛手柑 10 克、紅棗 10 克、枸杞 10 克。

**作　法** 佛手柑、紅棗、枸杞沖泡 500 毫升熱水，約 5 至 10 分鐘後即可飲用。

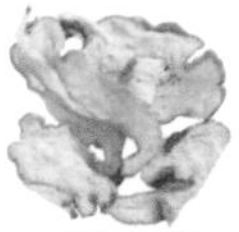

佛手柑

**功效** 疏肝理氣，舒緩負面情緒、安定神經

紅棗

**功效** 養血安神，補養氣血

枸杞

**功效** 補肝腎，皮膚紅潤、好氣色

### 玉竹玫瑰茶

**材　料** 玉竹 10 克、玫瑰花 6 克、甘草 10 克。

**作　法** 玉竹、玫瑰花、甘草沖泡 500 毫升熱水，約 5 至 10 分鐘後即可飲用。

玉竹

**功效** 養心安神，放鬆心情

玫瑰花

**功效** 疏肝理氣，改善負面情緒，安定神經

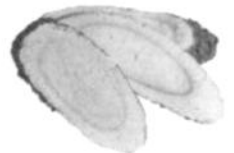

甘草

**功效** 補心脾、益氣虛、清熱解毒

### 百合棗仁安眠茶

**材　料** 百合 12 克、酸棗仁 30 克、玉竹 10 克。

**作　法** 百合、酸棗仁、玉竹，沖泡 500 毫升熱水，約 5 至 10 分鐘後即可飲用。

酸棗仁　百合　玉竹

**功效** 皆有養心安神，幫助睡眠，穩定神經的效果

# 14 哺乳媽媽最怕的2件事

產後缺乳、乳腺炎可謂哺乳媽媽最害怕的2件事。前者，滿心期待供應寶寶最佳的營養，偏偏心有餘而力不足，甚至使產後本來就脆弱的玻璃心，大受打擊。後者，伴隨乳房的紅、腫、熱、痛、化膿，加上頭痛、畏寒，往往讓新手媽媽生心理都痛苦不堪，雪上加霜。

## 乳腺炎：產後人生變慘後人生

乳腺炎是指乳房泌乳腺體發炎，這是很多新手媽媽會碰到的問題。乳汁鬱積沒有定時排出，擠乳方法不熟練而使無法順暢排出乳汁等，是導致乳腺炎最主要的因素。最常見的症狀是乳房出現硬塊，且有紅腫現象，嚴重時可能會發燒、惡寒及頭痛，往往讓產婦痛苦不堪。

## 中醫治療視乳汁蓄積原因而定

現代醫學又將產後乳腺炎分為感染性與非感染性。非感染性乳腺炎指的是母乳排出不良，滯留在乳房導致乳腺阻塞而造成。感染性乳腺炎又稱為急性化膿性乳腺炎，屬於急性細菌感染的情況，多為乳暈、乳房或其周圍皮膚有傷口，細菌趁隙而入所造成。

就中醫觀點而言，乳腺炎屬於乳癰中「外吹乳癰」的範疇，即指在哺乳期因乳汁蓄積而發病。隋《諸病源候論》提及乳癰的病因病機為「乳汁蓄積，與血相搏，蓄積生熱，結聚而成乳癰。」可見在哺乳期「乳汁蓄積」確實是發病根本。造成乳汁蓄積的主要原因，可概括分為肝鬱胃熱、感染邪毒和哺乳、回奶不當等三方面，其治療方式略有差異：

### 肝鬱胃熱

**病因** 產婦因初產擔憂而抑鬱，導致肝鬱氣滯，乳絡不暢，乳竅不通，乳汁蓄積。或產後恣食厚味燥熱之品，則胃氣熏蒸，熱與積乳相搏與乳房，化腐成癰（化膿性炎症）。

**治療** 疏肝清胃，通乳散結。常用藥膳為栝樓牛蒡湯加蒲公英、當歸、漏蘆、赤芍。

> **栝樓牛蒡湯**
>
> 栝樓仁、牛蒡子、天花粉、黃芩、梔子、連翹、皂角刺、金銀花、甘草、陳皮各3g，青皮、柴胡各1.5g，以水煎服。——《醫宗金鑑》

## 感染邪毒

**病因** 初產乳頭嬌嫩，不堪吸吮而破皮、皸裂。或乳頭內陷，乳兒吸吮困難，導致咬破乳頭。致使邪毒（細菌）有機會透過傷口侵犯到乳房組織，造成乳房乳腺紅腫發炎的情況。

**治療** 托裡透膿。常用托裡消毒散加蒲公英。

> **托裡消毒散**
>
> 人參、黃耆、白朮、茯苓、白芍、當歸、川芎、金銀花各3g，白芷、甘草、桔梗、皂角刺各1.5g，以水煎服。──《外科正宗》

## 哺乳、回奶（退奶）不當

**病因** 產婦氣血旺盛，乳汁生化充足而量多，小兒吸吮不盡、餘乳未排而蓄積結成塊。或乳汁充足產婦突然斷奶，乳汁壅閉，乳房膨脹，乳汁鬱積成塊，乳塊積久不散，鬱而化熱，熱盛肉腐，也可發為乳癰。

## 治療乳腺炎常用中藥：蒲公英

在乳腺炎急性期，飲食要盡量清淡，避免辛辣刺激、熱性、油炸食物、溫補藥膳（如麻油雞酒、當歸羊肉）、酒類，否則會加重發炎的症狀。建議適量選擇性質寒涼的蔬果食用，如冬瓜、絲瓜、魚腥草、馬齒莧等，且要有足夠的休息與睡眠，以避免免疫力低下，使炎症加重。在緩解期，對殘留的乳房腫塊，要盡可能消除（哺乳、按摩等），否則原病灶處容易復發。

蒲公英是民間野菜，也被稱為「草藥皇后」，可改善發燒、喉嚨痛、乳腺炎等問題。蒲公英性苦、甘、寒，歸肝、胃經，有清熱、解毒、殺菌、消癰散結、利溼通淋等功效。據《本草經疏》記載「蒲公英主治婦人乳癰腫乳毒。」

冬瓜

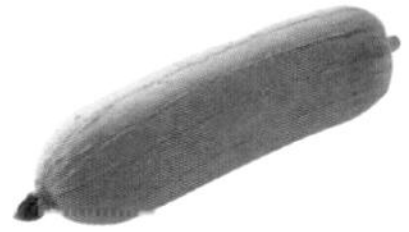
絲瓜

馬齒莧

魚腥草

在乳腺炎急性發作期，可透過適量寒涼蔬果來緩解發炎症狀。

蒲公英

蒲公英對金黃色葡萄球菌、溶血性鏈球菌有較強抑制作用，傳統中醫常用來治療乳腺炎。

傳統中醫常用蒲公英外敷或內服來治療乳腺炎、乳腺增生。蒲公英對金黃色葡萄球菌、溶血性鏈球菌有較強的抑制作用，對肺炎雙球菌、腦膜炎球菌、白喉桿菌、綠膿桿菌、變形桿菌、痢疾桿菌、傷寒桿菌及卡他球菌等，有一定的抑制作用。

## 好孕坐 TIPS 蒲公英的外敷內服方

### 外敷方

蒲公英 5 錢。將蒲公英加水煮沸，約 10 至 15 分鐘後關火，稍微放涼冷卻之後，用紗布巾沾取，並溼敷在患處。有助緩解急性乳腺炎的脹熱疼痛。

### 內服方

蒲公英 30 克、金銀花 12 克、魚腥草 20 克。上述藥材以 500 毫升熱水沖泡後即可飲用。有助舒緩急性乳腺炎。

蒲公英

金銀花

魚腥草

蒲公英、金銀花、魚腥草皆可清熱解毒，消腫散結。
其中魚腥草為中藥材中的抗生素。

**POINT**

有極少數人對蒲公英過敏，服用後皮膚可能會出現紅疹、搔癢等過敏症狀

## 預防乳腺炎日常保養與排乳方式

產婦想有效預防乳腺炎，第一步就是保持心情舒暢，避免精神過度緊張，要有充足的休息與睡眠，以使肝氣調達。其次，留意並引導嬰兒吸吮乳汁時，含住乳頭和乳暈，避免過度拉扯。每次哺乳後應將乳汁排空，已有乳汁瘀積的情形，則可用熱毛巾先熱敷，再用手擠出積乳或用擠乳器吸空。最重要的是，注意乳頭清潔，每次哺乳前後都要用溫水洗淨。若乳房有紅腫疼痛、有化膿跡象，發熱伴有寒顫，宜盡速找專科醫師醫治。

在乳房組織尚未化膿、處於肝鬱胃熱型乳腺炎時，可以採用按摩方式來排乳，以防止進一步的惡化。按摩前先清潔乳房，並以熱毛巾熱敷患處，接著塗上乳液，五指併攏後從乳房四周沿乳腺管方向（呈放射狀）向乳頭按摩，並按捏乳頭數次，促使積乳排出。

**步驟一**

產婦採坐姿，於清潔乳房、熱毛巾熱敷患處後，在乳房皮膚上塗抹少量的潤滑油或乳液。

**步驟二**

左手托起乳房，右手五指併攏，由外而內（乳房四周往乳暈方向）、順著乳絡按摩，約3至5分鐘，乳汁會聚集於乳暈。

**步驟三**

以右手拇指與食指固定於乳暈及乳頭，輕輕提拉，鬱積的乳汁即能排出。持續操作直至結塊消失、乳房鬆軟、瘀乳排盡、疼痛減輕。

以下情況的哺乳期女性，禁止以乳房按摩的方式來排乳：

①乳癰瘀滯、乳頭破損、乳房結塊、腫脹疼痛、腋窩淋巴結腫大、病程小於七天。
②發熱惡寒、體溫39℃以下、乳汁排泄不暢。
③局部腫塊經診斷未成膿者。
④乳癰成膿期或潰後期。即使非上述情況，也建議在專業醫師指導下操作。

## 產後缺乳：吃對東西，追奶不用那麼辛苦

乳汁量少，甚至全無，不夠餵養嬰兒的情況，被定義為「產後缺乳症」，此將導致母乳哺餵失敗，嬰兒得不到足夠營養，產婦也容易喪失哺餵的信心。產後缺乳以現代人的角度來看，可能算不上一種「疾病」，也有許多辦法可以替代，但就過去糧食不豐、衣食不暖的時代，新生兒沒有母親的乳汁就可能餓死。

## 脾胃不佳影響產後乳汁分泌量

母乳成分會隨寶寶周數及哺餵時間而改變，正常情況可提供新生兒6個月內所需的營養。哺乳對產婦是好處的，如幫助子宮收縮、預防產後出血、降低乳癌與卵巢癌的發生率、避免產後肥胖等。母乳的營養價值完整而豐富，其中的鈣質與鐵質好吸收，乳清蛋白可避免嬰兒胃腸過敏，富含的DHA及AA對腦部發育十分重要。

可見母乳的好處在今日仍是被科學所肯定的，所以產婦無乳應積極調理，盡可能不要放棄哺餵母乳的機會。乳汁來源於臟腑、血氣、沖任。在《胎產心法》提到「產婦沖任血旺、脾胃氣旺則乳足。」薛立齋亦云「血者，水穀之清氣也，和調五臟，酒陳六腑，在男子則化為精，在婦人上為乳汁，下為血海。」說明了產婦乳汁是否充足，與脾胃血氣強健有密切關係。產後缺乳分為以下兩種類型：

### 氣血虛弱型

**病因** 因先天氣血不足或產後氣血虧虛而致乳少

**症狀** 疲倦，乳房柔軟，舌淡苔少，脈細虛

### 肝氣鬱結型

**病因** 產後情志不暢，肝失調達，肝氣鬱結、氣機不暢，經脈壅塞，氣血無法化爲乳汁，或化而不能運行，而致乳少

**症狀** 產後乳汁不行，乳汁色淡黃，濃稠少，乳房脹滿、硬痛，情志抑鬱，胸脅脹悶，食欲不振，便乾，舌紅，苔薄黃，脈弦細或弦數

## 湯湯水水藥膳，有助維持正常排乳量

一般情況下，產婦產後應會自然分泌乳汁，每天排乳量可多達一千毫升以上，體力許可的話，可以立即開始哺乳。然而，並不是每位產婦都有足夠的母乳來哺餵新生兒，排乳量的多寡，與個人的體質、乳腺是否暢通及營養、睡眠、休息、情緒、哺乳能否定時有著密切關係。攝取高蛋白與富含水分的食物，有助於奶水分泌（如附圖所示）。

另外，由於產婦容易大量出汗，乳汁分泌量逐漸增加，所以會體內會流失大量水分，每天都要補充適量水分，以免出現脫水症狀。產後的第1周為利尿期，孕期體內增加的大量水分，主要會在此時期排出。不過，刻意大量飲水反而會影響正常生理運作，因此只要維持正常飲用量，即「體重（公斤）×30（毫升）」就足夠。為了補充水分、電解質、鹽分，產婦可以選擇湯湯水水的藥膳來調理，不僅容易消化吸收，還能補充乳汁。

**蔬果類**

高麗菜、番茄、紅蘿蔔、青江菜、菠菜、山藥、豆類、花生、糙米、胚芽米、燕麥、金針菇、青木瓜、無花果

**肉類**

豬腳、雞腳、雞肉、牛肉、魚、蚵仔、蛤蜊、瘦肉、蛋，建議增加動物性蛋白質的攝取

**其他**

牛奶、優酪乳、豆漿、熱奶茶、起司、海帶芽、黑豆水、黑芝麻粉、甜酒釀、雞精、黑麥汁

## 坐好孕 TIPS 增加乳汁的藥膳

### 增乳豬腳湯

**材　料** 豬腳 2 隻、花生 150g、黃豆 150g、無花果乾 150g、蔥適量、薑適量、八角 2 粒、米酒少許

**作　法** ① 豬腳切塊洗淨，川燙後撈起備用。② 蔥洗淨切段，薑切片。③ 將豬腳、花生、黃豆、無花果乾、蔥、薑、八角、米酒同時放入鍋中，加水至淹過材料，以大火煮滾，再轉小火燉煮約 1 小時，待豬腳熟爛再調味即可

**功　效** 改善腰膝痠軟、皮膚乾燥、氣血虛弱，促進乳汁分泌

### 果麥仁粥

**材　料** 核桃仁 10 克、花生仁 10 克、紅糖 2 匙（可依個人喜好斟酌）、熟米飯 1 碗

**作　法** ① 核桃仁及花生仁拍碎後入乾鍋炒香。② 加入熟米飯，加水至淹過材料，以大火煮滾，再小火續煮 20 分鐘至食材軟爛即可。③ 加入紅糖調味

**功　效** 潤腸通便、促進乳汁分泌。唯腹瀉及欲回乳者不要食用

### 青木瓜魚頭湯

**材　料** 青木瓜 2 個、魚頭 1 個

**作　法** 魚頭過油之後，與去皮、切塊的青木瓜同時放至燉鍋，加水至淹過材料，以小火燉煮熟後再調味

**功　效** 補氣養血、增加乳汁

### 鯽魚通草湯

**材　料** 鯽魚 1 條、通草 3g

**作　法** 將魚殺好、洗淨，與通草一起放入鍋子裡，加水適量，少量鹽調味，慢燉 1 小時，煮到有乳白色之魚湯出現，就可以食用

**功　效** 通脈下乳、補益脾胃，尤適合氣血虛弱導致乳汁不足的產婦

# 15 產後便秘好難「解」！

產婦歷經懷孕的不適、生產的疼痛及照顧新生兒的夜不成眠，若再加上便秘的煩惱，那實在是讓人心力交瘁。腸道蠕動功能變差、糞便在腸道中移動速度過慢，首先面對的副作用是慢性下腹疼痛，一旦糞便長時間壓迫肛門周邊及肛門內血管，會造成痔瘡、便血、脫肛、肛裂等，甚至連心情、食欲都會受影響。

## 百思不得其「解」的憂鬱

不論是自然產或剖腹產，產後婦女通常會擔心排泄物會汙染傷口，或解便時因用力導致傷口疼痛、裂開等問題。以自然產來說，會陰部確實有縫合的傷口，在排尿、解便時需要格外留意傷口的清潔。剖腹產的傷口多是在下腹部橫向切開，排尿、解便時用力可能會造成疼痛。

## 產後解便有困難的常見5原因

坐月子期間多半吃的比較油膩、纖維質攝取不足，便秘問題同樣困擾著產婦。趁著坐月子期間改善便秘問題，避免情況變得更加嚴重。生產時失血過多，津血虧耗，導致腸燥便秘，產後便秘發生率高。便秘又可分為「器質性便秘」與「功能性便秘」，產後便秘多半屬於功能性，又以腸胃蠕動功能變差影響最大，詳細原因如下所述：

- **腸胃功能變差：**產褥期（坐月子）導致胃腸功能減弱，腸蠕動變慢，當食物停留時間變長，糞便水分就會變少，排便更不順
- **肌肉鬆弛：**懷孕間的荷爾蒙變化、子宮脹大，加上妊娠期間腹部過度膨脹，使腹部肌肉和盆底組織鬆弛，排便力量減弱
- **膳食結構失衡：**產後婦女氣血虛弱，代謝變慢，若坐月子大魚大肉或高油脂補充太多，膳食結構失去平衡，缺乏高纖維蔬果攝取，腸胃蠕動就會變差
- **強忍便意：**下床不方便，活動量少之外，有許多產婦不習慣在床上使用便盆排便，便意來了、習慣性憋著，影響排便順暢度
- **藥物影響：**進行剖腹產手術之後，為預防感染使用的抗生素類藥物容易導致腸道內菌群失調，進而造成便秘的情況

## 長期排便不順，小心痔瘡纏上你

痔瘡是直腸末端黏膜下和肛管皮下的靜脈叢，發生擴大、曲張而形成的柔軟靜脈團。這本來就算身體的一部分，只是因血液循環不佳、血液滯留而成，故沒有所謂的「根除」，治療只是要「恢復原狀」。痔瘡有內、外之分，內痔經常在排便時引起無痛性流血，但若脫出（掉出肛門外）就會造成疼痛不適，外痔則會造成肛門不適、疼痛、腫大。在臨床分類上，依據痔瘡（內痔）症狀的嚴重程度，區分為四個等級。

不同等級有不同的治療建議。第一、二度痔瘡患者應多吃高纖維食物，如蔬菜、水果、五穀雜糧類，並喝足夠的水，以避免便秘發生。日常可用溫水坐浴，每天三次，每次約五至十分鐘。此外，搭配局部藥膏敷抹或拴劑、促進大腸排便或軟便的藥物，皆有助於症狀的改善。

第三、四度為手術治療的適應症，但痔瘡出血過多導致貧血，通常也需要手術處理。最常用的手術方法是將膨大的痔瘡切除後，再將傷口縫合，採半身麻醉或局部麻醉，術後需要住院觀察數天。不過，切除後仍要以調整生活與飲食為目標，否則治標不治本，仍可能一再復發。

**第1度**
排便有流血、但無脫出肛門

**第2度**
有脫出、但會自動回縮至肛門內

**第3度**
有脫出、需要用手推回肛門內

**第4度**
嚴重脫出、且用手推不回肛門內

**建議治療方式**
攝取高纖食物、充足水分。每日 3 次溫水坐浴，每次 5-10 分鐘。局部藥膏敷抹、拴劑、軟便藥物則有助改善症狀。

**建議治療方式**
若痔瘡出血過多建議手術，避免貧血。切除後仍要調整生活與飲食，才能治標治本，避免一再復發。

## 產後「順便」體質4方法

便秘的感覺就像有苦難言，只進不出的食物，恐怕會讓腸道塞滿髒東西。女性本來就比男性容易便秘，懷孕期間荷爾蒙變化和長大的子宮壓迫胃腸的關係、產後又擔心傷口拉扯不敢出力、坐月子期間大魚大肉少蔬果等，都會讓便秘越來越嚴重。還在為滿肚子的大便鬱鬱寡歡嗎？趕緊試試看以下方法，解你的便秘症狀。

### 方法①：膳食均衡

飲食多樣性尤其重要，有些食物含有天然酵素或益生菌。人體排毒機制需要依靠腸胃的吸收、消化與代謝的功能。維持膳食平衡，選擇正確食物去調整腸道、補養臟器機能，有助解除危機。多吃高纖維的蔬果或食物，如五穀雜糧、芝麻、香蕉、蜂蜜、火龍果、地瓜葉、芹菜、堅果、優格等。注意每日喝水量必須充足，以上皆可促進腸胃蠕動與提升排便順暢度。另要避免食用過多的蛋白質和鈣質，精緻食物（如麵包、甜點）、菸酒或辛辣刺激物、糖分多的食物也要少吃。

五穀雜糧類食物富含膳食纖維，可以促進排便順暢度。

## 方法②：適度活動

一般自然產於分娩後六至八小時，產婦即可進行一些翻身活動，即使不能下床也要採取不同的睡姿或坐姿，自然產且體質健康的產婦在產後第二天即可下床，開始活動，並逐日增加活動量，但需避免長時間蹲下、站立或劇烈運動。至於，剖腹產但無合併症的產婦，於產後第二天可試著走動，但避免疲勞，若有合併症則要按照醫師指示，不可過早下床。產後適當活動同時有利惡露排出與促進腸道蠕動功能，防止便秘和尿瀦留（尿液滯留）。

## 方法③：定時排便

產後要適度鍛鍊、活動，千萬不要因為坐月子，整個月都不下床，這樣身體的新陳代謝會越來越慢，腸胃蠕動跟著越來越差，便秘的情況當然越來越嚴重。產後保健操可以促進腸胃道的運作，定時大便（蹲廁所）的習慣則可以養成排便的「儀式感」，告訴身體「時間到了，該上廁所了！」這些都有助改善解便不順的情況。如果已經便秘好幾天，甚至因為無法排便而導致腹脹、腹痛、消化不良、食欲差時，可以試著使用軟便劑來幫助排便。

## 4 穴位按摩

■**肚臍四周**：雙手手指重疊，以肚臍為中心按壓，順時針方向旋轉按摩，每次約5分鐘

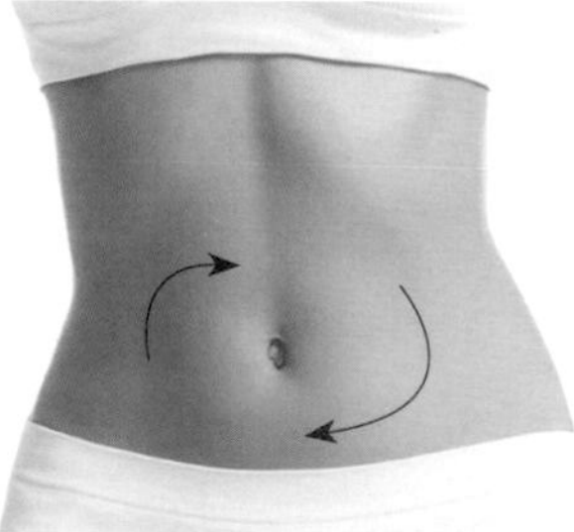

■**天樞穴**：天樞穴位於肚臍兩側，左右各距離兩寸的位置。可將食指疊在中指上，輕輕按壓，每次約5分鐘

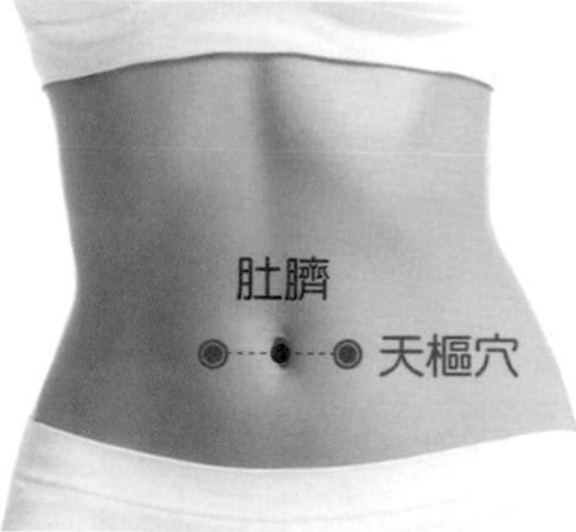


■**大腸俞穴**：雙手握拳放在背部的大腸俞穴（第四腰椎棘突下，旁開5公分）上，輕輕叩擊，每次約20次

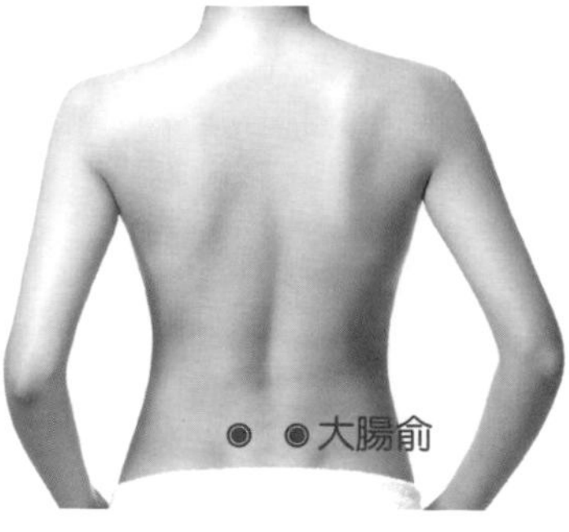


■**支溝穴**：支溝穴位於手腕關節背面、橫紋正中直上約四橫指距離，在上臂兩骨間隙中。以拇指輕輕推按此穴位，每次約5分鐘

## 好坐孕 TIPS 預防便秘的食療保健

**高纖蔬菜**

如芹菜、菠菜、韭菜、香菇、海帶、洋菜、地瓜葉、蒟蒻等

**高纖碳水化合物**

如糙米、胚芽米、全麥麵包、燕麥片等

**天然通腸劑**

如蜂蜜、胡桃、核桃、香蕉、木耳、柿子、秋葵等

**酸味水果**

如草莓、檸檬等（酸味能刺激腸道，幫助通便）

**油脂類中藥**

如杏仁、冬瓜子、火麻仁、柏子仁、決明子、芝麻、菟絲子、阿膠等

黑白芝麻

杏仁

決明子

油脂類中藥材須經合格中醫師開立處方後使用，不宜自行抓藥。

16

# 剖腹產／高齡產婦

剖腹產與高齡產婦在坐月子期間，通常會比較辛苦一點，需要特別留意某些項目的調養。剖腹產容易造成產婦氣血虧虛，需更注意營養補充與飲食方式。高齡產婦身體機能相對衰退，鈣質補充為首要，恢復生理機能為次要，此外還要特別小心妊娠期間與產後的併發症發生。

## 剖腹產：傷口護理與腸胃調養

目前臨床上剖腹產多是以橫向切口，人體腹部有多條經脈通過，任脈、足少陰腎經、足陽明胃經、足太陰脾經、足厥陰肝經皆經由腹部運行，剖腹產一刀下去，便可能損傷這些經脈的氣血運行，相對應的臟腑功能恐受到不同程度的影響，有產婦甚至一年後刀口處皮膚仍會感到麻木，這表示局部血脈仍舊運行不暢。

此外，剖腹產過程中失血較多，容易造成產婦氣血虧虛，導致乳汁分泌減少的問題，故要更注意營養補充、充分休息，否則喝母乳的嬰兒也會連帶出現氣虛的症狀，如多汗、易驚、胃口不好等。

## 腸胃功能虛弱，清淡飲食為宜

宋朝陳自明《婦人良方大全》有記載，生產過程用力及失血，會造成氣血雙虛而影響臟腑功能，以致產後脾胃虛弱，食物運化及食欲皆失調。剖腹產與自然產相比，消耗產婦更多血量，氣血更虛。

剖腹手術阻斷經絡氣血循行，麻醉則會使腸道蠕動減慢，術後會有腹痛、腹脹、噁心、嘔吐的現象，也會影響腹腔臟腑功能。我曾經碰過一位產婦在剖腹開刀後兩周，仍然食欲不振、有嘔吐的情形，影響坐月子期間的營養補給。後來，我開給她香砂六君子及參苓白朮散，治療後，症狀才逐漸減輕。

剖腹產後六至二十四小時會出現排氣，排氣初期最好以清淡食物為主，不要喝牛奶，避免脹氣。若直到產後四十八小時仍未排氣，需尋求醫師協助。剖腹產的產婦首餐以清淡簡單為宜，如稀飯、蛋湯、清湯。少量進食，腸胃無任何不適，即可以在下一餐恢復正常食量。

預計要哺乳的產婦建議多飲用魚湯及多喝水。高蛋白飲食可以幫助傷口復原，如雞蛋、瘦肉等。高纖維質食物則能預防便秘。剖腹產術後要多食用一些益氣補血、補腎的食材，以期盡早恢復體力，同時也能為新生兒提供優質的乳汁，確保寶寶正常的發育。

## 常見併發症及傷口護理

剖腹產手術中可能併發出血、失血性休克、羊水栓塞、剖腹產手術損傷，術後併發症則有發熱、腹脹、腹痛、腹壁傷口裂開、子宮刀口感染裂開、晚期產後出血等。剖腹產恢復時間較久、住院時間較長，且手術前必須留置導尿管，也增加泌尿道感染的可能性，術後恢復期可能因為腹腔沾黏造成下腹部脹氣、頻尿、便秘等後遺症。

術後傷口護理的話，第一天會由醫師換藥，至產後第三天護理人員會以透氣膠布黏貼傷口，並教導傷口自我照顧方法。剖腹產婦原則上不要淋浴，擦浴能避免傷口碰水，若不慎碰到水，要立即消毒並蓋上消毒紗布以防感染。返家一周內需觀察傷口有無紅、腫、熱、痛，或滲血、滲液，任一情形都需立即就醫。如無，則持續保持乾燥即可，不必換藥。出院後一周就可回診拆線，醫師診視無異常的話，就可以開始碰水洗澡了。唯傷口貼透氣膠布約持續三至六個月，大概每三至五天更換一次即可。術後腹部傷口仍會疼痛是正常的，但應屬可忍受範圍，若疼痛難耐，就要就醫檢查，確認是否腹壁有血腫。

有些產婦的狀況特殊，需特別留意剖腹傷口的狀況，以避免出現感染，包括產程或破水時間過久、手術時間太長或開刀過程中出血較多、產婦本身抵抗力差（如有妊娠糖尿病或貧血等問題）、緊急剖腹產、剖腹產前已有絨毛膜羊膜炎等。

## 術後生活與日常調養建議

一般情況下，剖腹產術後第一天即可坐起，第二天拔除導尿管後，多半產婦可下床、自理大小便，建議每三小時排尿一次，避免過度脹滿的膀胱影響子宮收縮，造成產後大出血的發生，且排尿次數過少，容易造成尿路感染。到了第三天可扶物稍作走動，但若仍感頭暈不適，還是盡量待在床上，以免發生危險。臥床期間可時常輕微地翻身、活動關節，藉此幫助腸胃蠕動、減少靜脈栓塞的發生。

導尿管拔除後，應多下床走動。利用束腹帶綁住腹部，走動時才不會因為振動、拉扯傷口而引起疼痛。很多剖腹產的產婦擔心傷口疼痛、腹部不敢用力，刻意「避免」大小便，這樣很可能會發生便秘和尿瀦留，要是產婦本身就有痔瘡的問題，可能會變得更嚴重。約在剖腹產後第一至四天，產婦就會開始脹奶，此時便可以哺餵母乳了。剖腹產產婦很常會因為害怕牽扯到傷口，降低哺餵母乳的意願。不妨試著將嬰兒放於媽媽的身旁，哺乳時只需要側身餵奶即可，這樣就可以減少因動作拉扯到傷口而產生的疼痛感。

此外，經由陰道產下的自然產新生兒，由於經歷反覆子宮收縮和產道壓迫，等於在分娩過程中便透過一系列的變化，來逐漸適應外在的環境。未經陰道生產過程的剖腹產新生兒則經歷沒有這系列的變化，相對容易發生對子宮外的刺激，反應遲緩或偶有不同程度的呼吸抑制，可能出現呼吸困難、低血氧症、甚至窒息的現象，需特別留意。

## 高齡產婦：留意孕期與產後併發症

高齡產婦是指三十五歲以上的初產婦。生產時比年輕產婦更容易耗盡精血，連帶會造成免疫功能降低，抵抗力不足，往往需要更久的時間才能恢復。對高齡產婦而言，充分的休息及充足的營養更顯重要。

除了上述注意事項，冬令時分若常感手腳冰冷、發麻，可能是氣血新陳代謝率低，末稍血液循環不良引起，易伴有頭暈目眩、神疲乏力、面色淡白、食量少等症狀，此時，可用十全大補湯或補中益氣湯。若伴有口乾舌燥、晚上臉頰發紅、發熱等陰虛症狀者，可用西洋參或石柱參加枸杞燉雞。

因為母體逐漸步入中年，身體機能漸漸衰退，高齡孕婦不僅更容易有流產、早產或是胎兒異常的問題，晚生育的婦女更應注意產後的調理，一來是鈣質流失較年輕孕產婦來得多，須注意補鈣的重要性，其次是母體機能恢復問題。高齡產婦常見妊娠併發症或產後併發症如下：

## 子癇前症（妊娠毒血症）

指在懷孕期間中出現水腫、蛋白尿及高血壓等病症，只要有高血壓合併其他任一種症狀，即稱為「子癇前症」，此症狀多半發生在懷孕二十周後。這是造成孕婦及新生兒死亡、早產的主因之一。

## 子癇

指妊娠晚期或正值臨產、新產之後，發生眩暈、跌倒、手腳抽筋、全身性癲癇等症狀。雖然發作時間通常不會很久，但會持續復發，甚至影響腦部運作，最後會造成昏迷不醒，稱為「子癇」。

## 胎盤剝離

高齡產婦發生胎盤剝離的機率也比一般產婦要來得高，甚至前置胎盤可能性會增加，容易造成懷孕末期出血。而胎兒染色體異常發生率明顯增高，也會造成胎兒畸型的機會增多，一定要特別注意。

## 甲狀腺機能亢進症

在中醫來說，甲亢患者、基礎代謝增加，屬熱性體質，坐月子期間進補使用的麻油雞、米酒等都必須忌口，肉桂、當歸、人參等燥熱性藥材要避免。合併高血壓則要注意不要攝取高膽固醇、高鹽食物，如腰子、豬肝及牛肉等。

## 腸胃蠕動差

高齡產婦腸胃蠕動差，產後便秘的問題更嚴重。建議坐月子期間每天仍應喝足溫水兩千至兩千五百毫升，多補充纖維質，少吃寒涼瓜果類。可使用如火麻仁、桃仁、杏仁、郁李仁等油脂含量較豐的藥材，來達到潤腸通便之功效。

有甲狀腺機能亢進的產婦，坐月子期間要避免肉桂、當歸、人參等燥熱性藥材。

# 17

# 90%產婦都在問的問題！

懷孕、生子是一生中最偉大的決定，經歷生產、為人母的喜悅的同時，往往會因為某些難解的小問題而煩悶，從生理的變化到心境的轉變都有。本篇嚴選不論剖腹產、自然產，幾乎每位新手媽媽都會遇到的症狀，先了解這些症狀出現的原因，才能勇敢面對、努力改善！

## Q 惡露排多久才會排光？

在坐月子期間，產婦不僅要努力調養身體機能，還要同步自我監測惡露排出的狀況，以期第一時間發現異常。子宮在產後會自行清除黏於子宮壁上的物質，經陰道流出類似經血的物質，也就是所謂的惡露。無論自然產或剖腹產，產婦都應注意惡露量是否正常。

自然產後的二至三天左右，會開始排惡露，惡露量通常會比月經還多，呈紅色，接著會逐漸轉變為淡紅色，量也會明顯少，到了第十天後顏色更淡，通常為黃色或白色，到產後第四至六周、坐完月子，惡露多數已經排乾淨了。剖腹產通常惡露量少，持續時間也較短。若產後惡露量過多，有大血塊、惡臭、持續時間過長或腹痛發生時，需立刻請醫師診治。

## Q 尿不出來、水腫或盜汗怎麼辦？

醫師常會提醒產婦要盡早自行排小便，在產後四小時左右最好。因為分娩過程中，膀胱受壓、黏膜充血水腫、肌張力降低，加上會陰傷口疼痛、產婦不習慣用臥床姿勢排尿，便容易發生尿瀦留，使膀胱充盈變大，進而妨礙子宮收縮，引起產後出血，甚至膀胱炎。若出現排尿困難，建議用乾淨的毛巾浸泡熱水後薰洗外陰，或用溫開水沖洗尿道口周圍，也可在下腹正中放置熱水袋，刺激膀胱肌肉收縮。

由於膀胱括約肌與膀胱壁的伸縮蠕動功能突然發生麻痺，造成不能泌尿的情形，繼而形成水腫症狀。這種病理表現在藥補調養方面宜以「補氣」為主，如中藥方劑的補中益氣湯、當歸補血湯、歸耆建中湯等，食療方面可用薏仁（薏苡仁）加紅豆煮成甜湯當點心食用。另可加以點按或用艾草溫灸足部的三陰交穴（足內踝尖直上三寸）。

盜汗是坐月子期間產婦很常發生的情況，多半是發生在產後一周內，於夜間大量出汗的生理性的產後盜汗，最主要透過內分泌及神經調節，使汗腺持續維持旺盛的分泌功能，以排除產婦體內過多的水分。倘若盜汗持續期間長，甚至長達好幾個月，就可能是病理性的產後盜汗，常見因素為產時或產後失血過多，氣隨血耗，衛外不固（即所謂的虛症），建議找中醫調理與改善。

薏仁

紅豆

以薏仁、紅豆煮成的甜湯，不僅美味可口，也是坐月子期間消水腫的點心之一。

## Q 老是情緒很低落、很憂鬱嗎？

多數女性生產後會有短暫的情緒低落狀態，可能透過失眠、沮喪感、頭痛、食欲不佳等症狀來表現，依程度輕重與持續時間區分為產後沮喪、產後憂鬱症及產後精神病。當產婦發生類似症狀時，可將人參、黨參、黃耆等以開水沖泡飲用，或甘草、小麥、紅棗、黑糖同煮，做為開水，不時飲用即可。

若程度嚴重、有憂鬱傾向的產婦，則可多吃甘甜的食物，如紅棗、黑棗、龍眼乾（桂圓）、黑糖、葡萄乾等，因為富含碳水化合物的甜食有助分泌血清素，以致減緩憂鬱症狀，脂肪或蛋白質食物則有反效果。雖然說，糖果或巧克力比碳水化合物更容易增加血糖、促進血清素作用，但須注意不可過量攝食，以免導致肥胖。

產後憂鬱在中醫稱為「臟躁證」，多發生於初產婦女，或有生男孩壓力的產婦身上，現在則有越來越多的產後憂鬱症，是因為坐月子期間沒有「後援」，產婦分身乏術、忙不過來，再加上睡眠不足，精神跟著越來越差。如果家裡有能力或人力，能夠在坐月子期間代為照顧寶寶是最好的，尤其是夜間的照顧，這是為了讓產婦好好睡覺，減少罹患產後憂鬱症的機率。

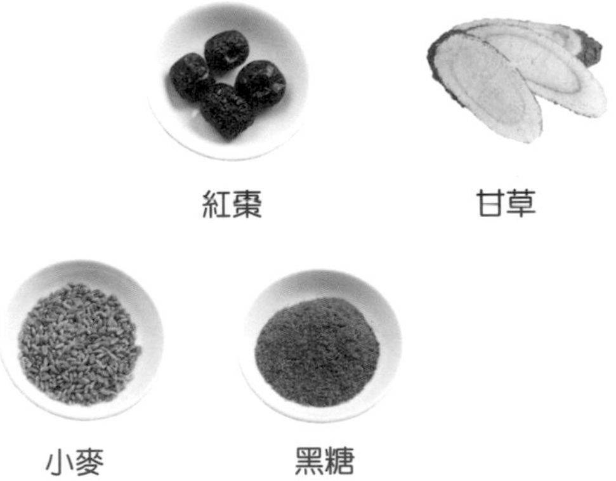


將甘草、小麥、紅棗、黑糖同煮，當成開水不時飲用，有助於改善產後的情緒低落。

# Q 漲奶怎麼辦？退奶怎麼辦？

產後第二周起，很多產婦會感到乳房變熱、變腫、脹痛，甚至變硬。乳房表面看起來光滑、充盈，連乳暈也異常堅挺而疼痛，這就是所謂的漲奶。漲奶通常只是暫時現象，哺乳或擠出乳汁後症狀就得以緩解。哺乳期是乳腺功能旺盛的時期，乳汁沒能定時且適當的排出，積累在乳房中就容易變成乳腺炎。

對親餵的媽媽而言，漲奶會給哺乳帶來阻礙，因為乳暈過硬，寶寶很難含住乳頭去吸吮乳汁。建議哺乳前先熱敷乳房，並用手擠或吸奶器以排出部分乳汁，讓乳暈變軟，提升哺乳的效率。熱敷可用熱敷袋裝約攝氏五十至六十度的溫熱水，兩側輪流，每側約十五分鐘，直到乳房摸起來柔軟。

倘若產婦決定不再哺乳時，必須從減少哺餵時間及次數開始。另外，需依醫生指示服藥。中醫處方用大量麥芽煮過讓產婦服用，效果不錯，通常三至七天可達效果。有很多媽媽服用不正確的藥物，雖然退奶了，胸部也跟著縮水。退乳期間要避免油膩食物及刺激乳頭，視情況冰敷乳頭與穿著較緊身的胸罩。

油脂含量高的食物會阻礙退乳，
也不利產後身材恢復。

## Q 腰痠可依職業性質來調理？

懷孕的時候，孕婦的肚子大，使得腰椎過度負荷，脊椎及骨盆關節鬆動增加，水分滯留壓迫到腰薦椎神經，因此腰痠背痛很難避免。倘若孕婦產前就運動量低、韌帶柔軟鬆弛、姿勢不良、有背痛病史，再加上懷孕時的內分泌變化，腰痛的情形就會加重。想要一勞永逸、減緩慢性腰痠背痛，最有效的方法就是孕期、產前、產後都要適度運動，養成習慣。

孕期要時時提醒自己維持良好姿勢外，避免久坐、久站、彎腰、扭腰，像是穿鞋、提拿重物等姿勢，千萬不要直接彎腰，一定要以「先蹲下、後彎膝」的姿勢，把負擔分散到臀腿。產後腰痛最好的改善方法是使用產後腰帶，這種腰帶比一般復健科的護腰帶舒適，只限於站立、行走時使用。若沒有腰痠情況的產婦則不需使用，不要被部分廠商刻意擴大延伸的功能性、標榜產後綁腹帶可避免年老時內臟下垂等說法蒙蔽。

若懷孕期間因長時間坐在辦公桌前，導致腰痠背痛加劇，可用黃耆、熟地黃、當歸、白芍、川芎等，煮成黃耆四物湯燉補。久坐導致下半身循環不良而造成下肢水腫，可用黃耆四物湯加茯苓、白朮燉煮服用，食療則可用蓮子、白果仁各三十克、茯苓二十克、薏仁二十克、白扁豆二十克、白米兩百五十克，同煮成粥，調味後食用。工作以用腦為主，如電腦工程師、設計師等，可於黃耆四物湯加入天麻、鉤藤等。產前以體力勞動工作為主的產婦，如搬運重物、家事繁多所造成的產後腰背痠痛，可以當歸芍藥湯或當歸四逆湯等補之。

## Q 坐月子吃藥會影響胎兒嗎？

有哺乳的產婦要小心服藥，避免寶寶透過乳汁喝下，危害健康。西藥中，含有的四環黴素（Tetracycline）、紅黴素（Erytromycin）、氨茶鹼（Aminophylline）、阿托平（Atropine）、奎寧（Quinine）、抗組織胺藥物（Antihistamines）、巴比妥類藥物（Barbiturate）、水楊酸類藥物（Salicylic Acid）、磺胺類藥（Sulfonamides, SAs）、維生素$K_3$、維生素$K_4$等成分，在哺乳期間都禁止服用。

中藥材中，炒麥芽、逍遙散、薄荷、神麴有回乳作用，會使產婦乳汁減少。惡露未排乾淨前，不可以服用人參，避免抑制子宮收縮，有留瘀之患。番瀉葉、大黃或大黃製劑會使骨盆腔充血、增加陰道出血，亦會使乳汁變黃，嬰兒喝了會腹痛、腹瀉。此外，禁用大毒、大熱、破血、開竅、利水的藥物，如輕粉、斑蝥、水蛭、蜈蚣、蠍、烏頭、附子、三稜、大戟、芒硝、巴豆、麝香、雄黃、紅花、藜蘆、商陸、密陀僧等。

18

# 小產該如何坐月子？

在《濟陰綱目》提到「小產不可輕視，將養十倍於正產可也。」可見小產後的身體調養更重要，否則日後不易懷孕、月經失調、腰背痠痛等問題都可能發生。小產坐月子應比照產後坐月子，甚至更要認真，好讓「身體充分的休息與恢復」，所以要盡量坐到四十天。

## 小產重於大產，坐月子不能馬虎

當胎兒未足月時自然流產，或利用藥物、手術等人手流產方式終止懷孕，皆可稱之為小產。造成自然流產的因素非常多，包括胚胎發育或染色體異常、母體內分泌或免疫系統異常等，有時候可能原因不明。人工流產是以任何人為方式，終止二十四周以下的懷孕，中醫古籍也有記載單味藥（如紅花、大黃）可以墮胎。

## 小產做月子需要40天

以中西醫理論來說，自然流產大多是因為胎兒先天不足或母體虛損而導致胎元不固，要從體質調養優先著手，包括調肝血、補腎精，肝腎氣足則衝脈固，使氣血虛損者得到改善。待身體養好了，才能懷孕。現代醫學也建議流產後三至六個月後再開始「做人」計畫，否則容易再次流產。

任何人工流產方式都是採用外力去破壞胚胎組織，在過程中一定會損傷到子宮，最明顯的是破壞子宮內膜，使小產後因子宮內膜壁過薄或沾黏影響月經周期，因此調養尤重增厚子宮壁，採用養血補血、滋陰潤燥的方法。最主要的目的是要盡量修護身體所受的傷害，減低後遺症的發生（如不孕）。小產坐月子調理法建議分為2個階段：

■ **第一階段（第1周）**

幫助縮小子宮、將惡露排乾淨、恢復子宮機能，調理方式採利水消腫。食補以補氣補血、促進發汗、促排尿代謝水份。

■ **第二階段（第2至6周）**

初期以加強新陳代謝及預防腰痠背痛為主，注重小產後的體力恢復。後期針對個人體質進行補氣、補血、補腎調養。

## 越來越薄的子宮內膜，提高受孕難度

人工流產手術多用於胎死腹中、胎兒畸形、胎兒染色體異常等不良妊娠，或因強暴、亂倫而懷孕的個案，也使用在未婚懷孕或因個人考量不希望生下小孩等情況。很多女性在進行人工流產手術後，會因為難以啟齒而選擇隱藏，以致忽視調理身體的重要性。

古人云「小產重於大產！」子宮內膜就像一片肥沃的土地，每次月經來潮都是子宮內膜自然剝脫所造成（子宮內膜達0.8公分才會正常來月經）。人工流產手術（如搔刮術）就像往土地深處挖掘，難免會傷到子宮內膜的厚度，若次數頻繁、又不重視調理，土地便越來越貧瘠，之後要種植作物就難了。由於很難回復到原本的內膜厚度、月經量變少，不只受孕變得不容易，即使懷孕了，也很難留得住。

曾經遇過幾位年紀三十多歲的已婚女性，本身月經量很少，排卵功能不佳，很少有優勢濾泡，雖然另一半精子質量檢查都正常，依舊很難懷孕或經常懷孕三個月內就流產，問起過去病史，才坦承年少輕狂時，不重視避孕，幾次人工流產後，月經量開始減少卻無警覺，如今想尋求婦產科調理荷爾蒙，效果恐怕不是那麼理想。

# 人工流產後的併發症調養

根據世界衛生組織的研究調查，經歷過2次以上的人工流產手術的婦女，後續懷孕相對容易生下早產兒或體重過輕的胎兒。在醫學發達的現代社會，人工流產雖然不算一個風險很高的手術，但確實是一項極為傷身的手術，而且術後可能會有不少併發症。

## 惡露排不乾淨

在人工流產後，惡露排不乾淨，其原因常見為子宮復原不全、子宮內膜炎，或施行人工流產手術時，有殘餘胎膜組織留在子宮內，沒有清除乾淨。中醫辨證依以下三種證型來治療與調理：

### 氣血兩虛型

本身體質虛弱，人工流產手術後損傷衝任二脈，衝為血海，任主胎胞，與肝、腎、氣、血關係密切，二脈損傷則導致月經不調、小腹疼痛、腰酸、崩漏、習慣性流產或不孕，氣虛不能攝血，臉色蒼白、體虛無力，舌苔淡薄。治療以歸脾湯加芎歸膠艾湯、仙鶴草、黑地榆等，來補氣血、涼血止血。

■ **氣滯血瘀型**

人工流產手術後，由於有殘餘的胎膜組織留在子宮內，瘀血不除、新血不得入，久則瘀血化熱，迫血下行，則有腹滿感、腹劇痛、惡露時多時少，舌暗、苔薄。治療以生化湯加減，如當歸、炮薑、益母草、炙甘草等。

■ **溼熱挾瘀型**

人工流產手術後，惡露淋漓不淨，惡露有血塊、呈黏膩狀，且伴隨著惡臭，另有腹痛、口苦口膩、舌苔黃膩等現象。治療可用生化湯加減，如當歸、炮薑、川芎、香附、木通、車前子、丹皮、蒲公英。

## 腹痛

人工流產後約十天內有輕微腹痛是正常的，但若劇痛或持續性疼痛就屬於異常。惡露不淨、感染、骨盆腔充血、骨盆腔黏連等因素，都會造成腹部疼痛。中醫辨證依以下兩種證型來治療與調理：

■ **溼熱下注型**

因人工流產手術過程中或術後病毒、細菌侵入而感染，腹部劇痛，帶下（分泌物）多、顏色黃，口乾口苦。以清熱解毒、利溼止痛，如當歸芍藥散加蒲公英、銀花、元胡、川楝子、丹皮、赤芍、車前子。

**氣滯血瘀型**

多為胞絡氣血運行不暢，不暢則痛，骨盆腔黏連則氣滯作痛。治療此類型腹部悶痛會用理氣活血、化血化瘀的方法，如當歸芍藥散加少腹逐瘀湯、三稜、路路通、烏藥。

## 閉經與月經不調

閉經指月經周期建立之後又停止的現象。人工流產手術後，生理功能恢復及內分泌調整需要一段時間，很可能會出現短暫閉經或經期延後的現象，懷孕周數越大，月經恢復時間越久。若為子宮腔、子宮頸沾黏、子宮內膜損傷所致閉經，中醫辨證為肝腎虛損、氣滯血瘀所致。治療以補益肝腎、理氣活血為主，如血府逐瘀湯加右歸丸、敗醬草、路路通、三稜、香附、元胡。

月經不調很可能是人工流產在子宮內行刮除手術、破壞胚胎時，刮得太用力而使子宮內膜沾黏所導致。包括周期不固定、經期過短或過長、經血量過多或減少，及顏色、味道等有異常情況，中醫辨證為肝腎不足所致。此外，卵巢功能一併受影響、造成內分泌失調，還會有頭暈乏力、腰膝痠軟、四肢怕寒等症狀。治療以溫經通腎、補益肝腎為主，如用紫河車粉、黨參、黃耆、丹參、續斷、杜仲、菟絲子、巴戟天、川芎、熟地。

## 生理性內膜炎

子宮經過刮吸後而有傷口，多數會有發炎的現象，稱為生理性內膜炎。此時，應盡量避免過度勞累而降低免疫力，並以防範外界細菌侵擾為重，如不可使用盆浴、泡溫泉、陰道灌洗等，以防細菌、病毒由陰道入侵傷口，造成更嚴重的發炎與感染。生、冷、辛辣等刺激性食物少吃，避免體質燥熱，傷口不易癒合。多攝取蛋白質、鐵質，有助子宮復原、傷口癒合與補血。延後一至二周再恢復性生活。

# 坐月子期間的日常生活調養

小產也要嚴守一般情況的坐月子法則，注意房間的保暖及空氣的流動，不要做劇烈運動、不抬重物、不可蹲著做事，以減少腹部使力的機會，不碰冷水、避陣風吹襲，洗頭洗澡後趕快吹乾保暖，減少感冒風險。除了生理層面，流產後的心理調適也很重要，負面想法、壓力、罪惡感、失落感等，對情緒都有很大的影響，也會影響身體的修復。

## 讓子宮充分休息

流產後一周內應該要盡量休息、睡眠充足、不要熬夜。懷孕周數較長的，應休息至少兩周以上，因為沒有適度休息，造成出血難止、腰痠腹痛、精神不濟。此外，暫時戒房事，性行為易造成感染，加上子宮內膜未完全恢復，可能會導致出血與腹痛。流產後待已無出血跡象，需再間隔一周進行比較妥當。

## 留意私密處的清潔與護理

私密處護理要格外留意。因出血使用棉墊護墊，要注意定時更換，長期使用易引起陰部不適及感染，洗澡以淋浴為主，陰道內不要沖洗，盡量穿著寬鬆棉質的內褲。流產後有不明原因的發燒、怕寒、全身虛弱、腹痛等不適，務必盡速就醫，因為流產後細菌可能經由陰道、子宮，感染到全身，引發敗血症，嚴重時恐危及生命。

## 減少乳房刺激，緩解脹奶不適

懷孕期間泌乳激素會升高，終止懷孕後激素雖會逐漸恢復至未懷孕的狀態，但並非馬上就改變，所以流產後可能會有短時間漲奶的現象，乳汁分泌出來的話，要留意乳房的清潔與衛生。這時候，要盡量減少對乳房的刺激，如穿寬鬆一點的胸罩，以免乳房受刺激而漏奶，若感覺脹痛、不舒服時可以冰敷緩解，無法改善的話，建議要請醫師診治。

## 術後一周內忌溫補

人工流產手術後，不可馬上吃溫補的藥膳或中藥，如十全大補湯、麻油雞、人參、黃耆、當歸等，以防影響子宮收縮，增加出血風險。手術後一周依症狀可先服用聖愈湯等，一周後，若無發燒或感染再來服用溫補藥膳。藥物流產從吃藥起或手術流產後一周內都不能飲用酒類、咖啡，忌食肥膩、生冷、辛燥、刺激性等食物，如麻辣鍋、冰品等，以免出血、腹痛，待約二至三周再酌量食用。

## 攝取有利造血的營養素

給予適當的營養照護，是恢復與調養的重要關鍵，飲食要注意營養價值及容易消化的特性。蛋白質、鐵、維生素$B_{12}$尤其重要，這些是造血的必要原料。此外，維生素C、水、礦物質及纖維素則是人體必須之營養，其中維生素C不僅為造血要素，還能保護皮膚、促進傷口癒合。本來就有貧血或營養不良的人，要多補充鐵、葉酸、維生素C、維生素B的食物補血。

〔輯四〕

# 出關後
# 女人最關心的
# 變美大小事

19

# 重拾「性」福守則

多數夫妻在懷孕期間，為了避免動到胎氣、影響胎兒、孕婦疲倦等，都會減少性生活的頻率，甚至有不少夫妻直接暫停。懷胎十月、總算「卸貨」了，當然想趕快重拾「性」福，尤其是老公更是「性」致勃勃。產後進行「安全」性行為，有一些原則必須遵守，才不會壞了「性」致。

## 產後恢復性生活要注意的事

曾遇過有位剛生產完三周的媽媽，她說另一半在坐月子期間，不斷暗示加明示「月子坐完要好好親密一下！」由於她身體仍感覺不太舒服，想婉拒卻怕老公不快，畢竟一得知懷孕消息，就擔心動到胎氣，讓一路老公禁欲到生產完了。這位媽媽既要擔心行房會拉扯到傷口，又得顧慮老公的心情，十分煩惱。

## 生完多久可以有性生活？

關於產後性生活的問題是很多人在問的。就生理層面來說，可以「開機」的時間點是：自然產在產後大約兩個月、剖腹產則是術後三個月左右，並不建議提早。雖然自然產的會陰創面一般在產後七天之內即能癒合、拆掉縫線。不過，即使表面呈現癒合狀態，但深層的肌層、筋膜仍在修復中，完全恢復需要約六至八周的時間。剖腹產幾乎不會影響到外陰部，但腹部會有較大、較深的創面，癒合需要更長的時間，所以一般建議術後三個月再開始性生活比較恰當。

## 男女都要更留意衛生與清潔

分娩後，子宮內膜需要修復，子宮內惡露仍有殘留，此時進行性行為，細菌很容易通過男性生殖器和女性會陰部進入陰道，加上女性骨盆腔機能尚未恢復，對疾病的抵抗力降低，容易引起骨盆腔發炎，甚至腹膜炎或敗血症。所以才會強調性行為前，男女雙方都必須更留意衛生與清潔，女性在性行為後應立即沖洗下身，防止細菌感染。當產後恢復性生活之後，發現陰道分泌物有異味，那很可能是有感染的情況，建議要到醫院諮詢專業醫師。

## 如何提升「性」致，重拾「性」福？

產後，會陰傷口雖慢慢癒合，但新生組織還很稚嫩，進行性行為時，男方要更溫柔。此外，哺乳期女性由於性激素低，性欲變差，以致陰道分泌物變少，想要恢復外陰腺體分泌功能，需要一段時間才行，若產後女性在首次開始性生活時，因為陰道乾澀而疼痛難耐，不妨使用一些安全的潤滑劑來改善。若性交時另一半動作已十分溫柔、小心，也有較長時間的前戲，女方仍感到疼痛的話，最好不要勉強並諮詢醫師，排除撕裂傷口或會陰側切的縫合方式引起的身體不適。

**注意一：時間**
自然產後２個月、剖腹產後３個月

**注意二：衛生**
辦事前後都要留意衛生與清潔

**注意三：過程**
前戲足夠、潤滑劑輔助更性福

## 避孕，讓子宮好好的休息

產後，即使月經還未回潮，仍有排卵風險，所以一定要採用「有效」的避孕措施，如保險套。由於此時月經還沒有完全恢復，以安全期來避孕完全不靠譜，計畫外的受孕恐讓產後媽媽感到無所適從，而且極有可能打亂哺乳計畫，間接影響到新生兒。

## 產後多久會恢復排卵？

若忽略避孕而再次懷孕，恐對尚在修復中的身體造成一次傷害。一般來說，在產後二十一天（三周）後，就可能開始正常排卵，也就是說，依專家建議在產後六至八周後即恢復性生活的夫妻，首次性行為就得避孕，不論當時是否已經有月經，因為產婦很有可能在正常月經來的前兩周就恢復排卵了。避孕方式有保險套、避孕環和避孕藥等，但建議有哺乳的媽媽不要選擇避孕藥，最好選擇對女方影響相對小的避孕方法，即為男用保險套。

## 最自然健康的避孕法：餵母乳

利用餵母乳來避孕，是一種自然且健康的方式。理論上，哺餵全母乳（每天至少二至四小時餵一次）的媽媽六個月內都不會排卵，但臨床上仍有哺餵母乳期間月經來潮的例外，在這種狀況下進行性行為時，就應採取避孕措施。六個月後，不論是否要繼續餵母乳，都要避孕，但不應使用（口服或皮下注射）含有動情激素的避孕藥，以免抑制乳汁分泌或藥物經由乳汁被寶寶吸收。即使是沒有餵母乳的媽媽，最好於產後三十天後再使用，以降低因藥物造成的血栓風險。

## 產後非常時期的避孕措施

產後三個月內避孕的最佳方式，是男用保險套。以避孕藥來避孕會有較多疑慮，建議要諮詢醫師、遵循處方來服用。子宮內避孕器裝置時間，則建議自然產三個月後、剖腹產六個月後，但若產後合併有陰道發炎、骨盆腔感染則要另外諮詢醫師。

在生育多胎、確定不想再生，可考慮採永久避孕法——結紮，女性結紮後不會影響荷爾蒙分泌及月經來潮，男性亦不會影響性功能。男女結紮後雖可再接通，但其成功率與後續懷孕率都會受影響，必須慎重考慮後再進行。

## 二胎之間要間隔多久比較恰當？

產後，若單純只從生理機能方面考量，兩胎間隔（從上一胎產後到下一胎懷孕）以一年半到兩年為宜，但還是要將母體年紀、產後復原狀況、是否哺育母乳等情形

**避孕措施1 保險套**
方便、安全、不傷身的最佳方式

**避孕措施2 避孕藥**
產後3個月內需諮詢醫師後服用

**避孕措施3 避孕器**
自然產3個月後、剖腹產6個月後始可裝置

**避孕措施4 結紮**
雖一勞永逸，但需慎重考慮

納入考量。過度密集的懷孕生產，母體身體機能還沒完全調適好，如骨盆肌鬆弛未恢復、子宮頸強度未復原，很可能因為無法負荷下一胎的生理負擔，發生流產、早產、新生兒體重過輕、子宮後傾等後遺症。剖腹產媽媽更可能因子宮傷口未完全癒合造成二次傷害。

## 修復私密處的凱格爾運動

懷孕時或生產後，骨盆底部的肌肉或局部神經常會受損，以致產生鬆弛現象，其中骨盆腔肌肉的鬆弛是最常見的。骨盆腔底肌肉構成了一個懸吊系統，這些肌肉群會托住膀胱和下腹部的器官，若肌肉力量不夠，懸吊功能會慢慢喪失，造成「壓力性尿失禁」的發生。當跑步、大笑、蹲下去再站起來、提重物等需要運用腹肌的動作，或咳嗽、打噴嚏等瞬間增加腹壓的動作，都可能發生漏尿的情形。

骨盆底肌肉訓練是以訓練骨盆底肌肉的肌力、耐力及反應力為主，來增強骨盆底肌肉的支持功能，改善骨盆內器官下垂的情形。訓練與修復骨盆底肌的運動中，凱格爾運動是最容易、最方便、最輕鬆的方法，幾乎沒有時間、地點、身體姿勢的限制。除了產後婦女、各種原因造成的尿失禁（漏尿）情況、中老年婦女，直腸脫垂者、膀胱老化而造成不穩定型膀胱者，都需要進行訓練。

## 凱格爾運動怎麼做？

以類似憋尿時的使力方式，盡量延長骨盆底肌的收縮時間。在每一次持久收縮後，再以快速收縮數次來訓練肌肉的瞬間力量及放鬆技巧，每天練習三回，站、坐、臥各一回，每回運動包含收縮五秒、放鬆五秒的肌耐力訓練十五次，及快速收縮、放鬆十五次。一般情況下，訓練三至六周後，骨盆底肌的力量及耐力便會逐漸增加，壓力性尿失禁也會日漸改善。凱格爾運動必須持續練習，甚至成為終生的習慣。

## 邊際效應：提升性生活滿意度

統計數據顯示，長期進行凱格爾運動訓練，平均完成二十一個月的執行者，後續有82%能維持良好效果，追蹤六年後仍有70%有穩定效果。骨盆底肌肉運動不但能強化陰道旁肌肉的張力與強度、增加骨盆底器官的支撐，對於陰道鬆弛的改善也有明顯的助益。針對治療後個人及性伴侶對性生活的滿意度做調查，結果發現，不僅會陰部肌肉

### 誰需要進行骨盆底肌肉的訓練？

| 族群 1 | 族群 2 | 族群 3 | 族群 4 | 族群 5 |
| --- | --- | --- | --- | --- |
| 產後婦女 | 有尿失禁情況（漏尿） | 中年後婦女 | 直腸脫垂者 | 不穩定型膀胱 |

強度增加、尿失禁症狀獲得改善，對性生活的滿意度也有大幅度的上升。

## 訓練過度恐造成尿失禁加重

做凱格爾運動時，用盡所有力氣去執行收縮或練習次數過多、時間過久，反而容易造成肌肉的疲乏，進而使用其他較強健的輔助肌肉來協助虛弱無力骨盆底肌，導致骨盆底肌根本沒訓練到。此外，在任何會增加腹壓的活動前，先用力收緊骨盆底肌肉，以減輕骨盆內器官向下的壓力。如舉起重物前先夾緊骨盆底肌，再以腿部及臀部的力量起身，避免彎腰過度使用腹部的力量。

### 訓練過度會造成尿失禁加重

# 20

# 拯救走樣身材大作戰

忍受懷胎十月的不舒服、經歷分娩的疼痛，以為產後應該會輕鬆一點，但看到仍然臃腫的體態，不禁開始擔心：身材就此定型該怎麼辦？很多人唯一想到的就是少吃、多動。少吃，在坐月子期間似乎不太可能，不過有些藥膳多吃反而能越吃越瘦。多動，觀念正確，但你可知道怎麼動，效果最好嗎？

## 戰略1：有吃有瘦的低熱量藥膳

對產婦來說，坐月子期間是修復與調養的黃金關鍵期。剛經歷生產的女性，所面臨的是一個急遽的生心理變化。生理層面最顯著的，是相較於懷孕前的身材，在卸貨之後臀圍變大、腹部布滿妊娠紋、乳房下垂、體重增加等，然而，體態的改變需要時間，更需要調整心態來面對、接受，唯有如此，才能以積極正向的態度，朝目標去努力。

若平時（未懷孕時或孕期）身材胖瘦適中，坐月子時遵循一般體質調理法即可。身材瘦弱的產婦則可使用傳統坐月子的方式，麻油雞、炒豬腰子等食補都可以，對高熱量食物不需要過度忌口，並最好配合中藥來調理。若孕前就身材過胖或懷孕期間體重增加過多、身材明顯走樣的產婦，要恢復身材的難度確實高出不少，絕對要遵循低熱量、高蛋白質飲食，並配合產後運動，體重才能按照計畫下降。

產後身材走樣與肥胖是多數產婦耿耿於懷的事，深怕自己是不是只能這樣一輩子過下去了。事實上，產後肥胖的原因多半是懷孕、分娩過程中，下視丘分泌功能紊亂，導致孕期、坐月子期間攝食過度及脂肪代謝失調所造成，只要恢復正確、適量的飲食模式，並於坐月子第二周後視情況搭配高營養、低熱量的食補藥膳，就能循序漸進回到比產前更玲瓏有致的身材。

## 好孕續 TIPS 低熱量高營養的藥膳

### 冬瓜薏仁雞湯

**材　料** 冬瓜 300 克、薏仁 5 錢、雞胸肉 100 克

**作　法** 冬瓜洗淨後，去皮、切塊、放入鍋中。加入薏仁（先用水浸泡半小時）、雞胸肉，再倒入適量的水。大火煮滾後，再轉小火燉煮約半小時

冬瓜

薏仁

雞胸肉

**功效** 冬瓜雖有「肥瓜」之稱，卻有利尿去溼、去油膩的效果，多吃有助瘦身。

**功效** 薏仁健脾補脾，還能幫助排出體內多餘的水分。

**功效** 雞胸肉蛋白質含量豐富、脂肪含量低，對產後消小腹效果佳。

---

### 荷葉赤小豆瘦肉湯

**材　料** 荷葉 1 錢、赤小豆 3 錢、瘦肉（豬里肌肉） 100 克

**作　法** 將切片的瘦肉，連同荷葉、赤小豆（先用水浸泡半小時）放入鍋中，倒入適量的水。大火煮沸後，再用小火煮半小時

**作　用** 荷葉有利水、消腫、去溼的效果。赤小豆利水作用效果好，可以促進產後水分正常代謝，有助瘦身與保持體態。瘦肉則在避免攝入過多熱量的前提下，提升營養價值

瘦肉

赤小豆

荷葉

**功效** 瘦肉則在避免攝入過多熱量的前提下，提升營養價值。

**功效** 赤小豆利水作用效果好，可以促進產後水分正常代謝，有助瘦身與保持體態。

**功效** 荷葉有利水、消腫、去溼的效果。

## 戰略2：把握產後6個月黃金期

根據調查，約65％孕婦平均一天吃四到六餐，且對甜食、油炸物均不忌口，超過85％孕婦，到懷孕晚期都會過胖。其實，孕期體重以增加十二公斤以內最為標準，體重超標越多，產後要恢復身材，難度會越高，平均大約要花上一年才能減到懷孕前的體重。萬一孕期沒留意，產後該如何努力才好？

### 重點①：維持熱量供需平衡

千萬別把產後發胖當成理所當然。若產後六周，體重仍超過孕前體重10％，可被定義為產後肥胖。根據資料顯示，有此現象的產婦超過九成，其中體重超過20％的產婦高達58％。此時，雖然熱量需求會隨體重增加而提升，但不注意熱量的攝入及消耗的平衡，必定會走上越吃越胖一途。懷孕時，由胎盤所分泌的「胎盤激素」來刺激燃燒脂肪及增加新陳代謝，產後胎盤剝落，胎盤激素迅速下降，非常容易累積多餘能量，造成肥胖。

### 重點②：把握產後的減重黃金期

根據國外報告指出，產後兩、三個月至六個月內是修復身材的最好時機。產後兩三個月、月經恢復正常之後，選擇正確的減肥方法，不但不會影響哺乳，還會讓奶水更充足、通暢，從而達到瘦身減肥的目的。若可以搭配飲食控管更有利於產後瘦身，飲食必須維持低鈉、低糖與少油的原則，以豐富蛋白質、維生素、礦物質，如魚、瘦肉、蛋、奶等食物為主。產後一個月後，若能開始一定強度的有氧運動，如快走、慢跑等，成效會更讓人滿意。

## 重點③：哺乳：每日多消耗500至800卡

產後一周的瘦身效果最好，但應加強腎臟排泄功能，促進體內過多水分排出。此期間喝水要適量，建議產後第一周「少喝水」，到第二、三周後，可搭配飲用普洱茶與菊花茶，有去油膩的效果。產後母體為了製造乳汁，會將懷孕期間儲存的脂肪組織消耗掉，每天可以消耗五百至八百大卡的熱量，與不餵母乳的產婦相比，一個月下來可以多出兩萬四千大卡的熱量消耗，等於多減至少三公斤（每製造七千七百大卡的熱量赤字，約可減掉一公斤），由此看來，哺乳是最自然、健康的瘦身方式。

**重點1 熱量供需要平衡**

孕期要控制、增重12公斤內最佳，以免產後吹氣球

**重點2 把握產後2-6個月**

低鈉低糖低油的飲食原則，搭配有氧運動效果佳

**重點3 哺乳減肥法**

製造乳汁會消耗脂肪組織，每日多消耗500至800卡

## 戰略3：適當伸展，暢通經絡運行

適當的伸展與活動，確實有助於強化體能與提升肌肉使用度、關節穩定度，當肌肉有力了，就能維持良好姿勢，降低不必要的壓力負荷，進而達到預防及減輕肌肉痠痛的效果。很多研究都證實，運動除了可常保身體健康、減緩老化，也能促進心理健康，產後接連而至的生心理壓力，是有機會藉由多活動、多運動有效紓解，更能增強信心，穩定情緒，預防產後憂鬱症。

中醫觀念認為產婦要注意經絡循行，對健康才是最好的，同時注重外在身體運動與精神或心理的運動，以達到「形神合一」。肢體運動方法古稱「導引」，以肢體運動、呼吸韻律和自我按摩相結合為其特點，這是一種以意念領導肢體，以氣合力，主以柔和的運動方式。藉由規律呼吸、身軀俯仰、手足屈伸的動作，來舒緩關節，潤和氣血，旺盛體內新陳代謝的機能。

中醫導引術對鍛鍊身體、增強體質、預防和治療疾病，具有一定的作用，其實這和現代健康操的用意是一致的。但導引術是動靜結合，兼有「氣功」「內功」的作用，其中還有調整全身經絡氣血的作用，不光只是增加心肺功能與肌肉強度而已，並且還會運用穴道刺激、經絡循行來配合氣血的流行。

「經絡究竟是什麼呢？」簡言之，是分布於人體中、但眼睛所看不見的無形線，這種線並非是血管或神經。據中醫學上的解釋，經絡是如電線般的組織，是氣血流通的路徑，重要節點即為「穴道」。經絡就像是捷運路線，穴道就是捷運站出入口。經絡和人體的五臟六腑有密切關聯，一旦異常便會發生疾病。相反的，也可藉由適切地運動調整經絡運行，活絡內臟機能，從而獲得健康。

## 戰略4：少勞心、勞力和勞動

早期農業社會保健概念不足，以為「多動」就是下田耕作、清潔打掃等勞務。其實，這些粗活勞心勞力，並不適合產婦。產婦分娩六至八周之後，建議到醫院做產後檢查，包括全身性檢查、子宮復原狀況、傷口癒合情況等，並諮詢醫師可恢復正常勞動的時間點。

### 身體還沒準備好，避免傷身傷神

坐月子期間「不能勞動」的禁忌，乍聽之下似乎不合情理，實際上卻蘊含許多智慧。若從生理變化的角度來看，懷孕十個月期間，身體會產生各種變化，其影響力可能會持續到產後一段時間。此時產婦身體處於過度時期，如體重尚未回復到產前、傷口未癒合、子宮與陰道角度未回復等。另外，孕期荷爾蒙弛緩素（Relaxin）其作用高峰是在懷孕前三個月，之後會緩緩下降，直到生產時再度上升，產後雖然會逐漸下降，仍會持續作用十二周以上。

## 忽視弛緩素影響力，痠痛留到後半輩子

孕期與生產前的弛緩素分泌，最主要的目的是讓骨盆口變寬，好讓胎兒能順利通過、娩出，但連帶會使其他部位的結締組織（Connective Tissue）變得鬆軟，包括骨骼、關節、韌帶、肌腱、皮膚、血管和眼角膜等。

在弛緩素的影響之下，骨骼承擔壓力的能力會降低，骨質跟著流失，關節周圍韌帶拉長、鬆弛，無法維繫各部位正常的位置，身體動作變得不靈活，最嚴重的就是椎間盤壓迫到鄰近神經，造成肌肉痙攣、疼痛。在這種狀態下過度的勞動，徒增骨骼、關節、韌帶、肌腱、皮膚的負擔，甚至會把痠痛留到後半輩子。

## 傷口尚未癒合，子宮還沒歸位

產婦因在分娩時用力，失血耗氣，元氣大傷，產後前一、兩天躺在床上好好休息是必要的。若產婦體質好、復原快，且會陰部沒有裂傷，通常第二天就可以坐起來或下床。剖腹產傷口位於肚腹及子宮，自然產的傷口位於會陰部，無論是哪一種生產方式，傷口均要七至十四天的恢復期。生產完六周後，子宮與陰道才會回到原本的位置（呈直角），坐月子期間，子宮、陰道成一直線，過度勞動或激烈運動都可能發生子宮脫垂的現象，所以循序漸進增加活動量是很重要的。

## 彎腰、提重物、抱寶寶都要留意

建議產後約半個月才可以做些輕便家務，如收拾房間、擦桌子，其目的是促進食欲，減少大小便不暢的問題。不過，仍要避免不當的姿勢，才能避開對骨骼、關節、韌帶、肌腱的耗損，造成不可修復的傷害。如「直接蹲下」會增加腹壓，造成子宮下垂。又如「提重物」會有子宮下垂風險，還會因產後關節肌腱鬆弛，支撐力不佳，使肌腱受傷。至於「彎腰」則是造成產婦肌腱受傷或腰痠背痛的主要因素，所以要從床上或嬰兒車抱起寶寶時，建議請家人代勞，千萬不要自己彎腰抱小孩。

## 戰略5：適合的運動時間與模式

產婦運動要以身體狀態與感受為優先，頭暈、頭痛、發冷、發燒、感冒、肌肉痠痛、腳水腫等現象，運動必須暫時停止，等症狀消失後再恢復訓練。運動過程中有疼痛、出血、暈眩、呼吸困難、心悸、心跳快速、恥骨部位疼痛、步行困難等，需立即就醫。如發現有出血現象，輕者待血流停止後再繼續，流血過多必須去看婦產科醫師後，再視情況恢復。

### 每天10至15分鐘，餵完母乳再動

產後兩周內，每天約十至十五分鐘運動即足夠，之後可以再視個人身體情況，來慢慢增加運動的時間或頻率。運動型態以對身體負荷低的為主，包括步行、舒適體操及伸展運動。盡可能維持每周至少三次的規律性，最好的運動時間在早晨或晚上，安排一個時段、按時進行更好。另外，要特別注意防滑，宜在瑜珈墊或防滑地毯上執行，以減輕衝擊力及增加安全性。

飯後一小時內，不宜做過於激烈的運動，以免影響食物的消化，造成腸胃道的不適，甚至會提高胃下垂的發生風險。若是餵食母乳的產婦，記得先讓新生兒吃飽之後，再進行運動，當然，也可以先將母奶擠出、貯存在瓶內冷藏，運動後才餵奶。這是為了避免

較為激烈、高強度的運動訓練，讓產婦身體會產生過多乳酸、滲入母奶，影響母乳的味道，酸性過高的母奶嬰兒可能會拒食。

## 充分熱身、適度補水、維持呼吸節奏

運動前記得先解小便，並暖身至少五分鐘（如原地走路）。初期運動要以輕度、靜態的伸展為主，尤其是本來就沒有運動習慣的產婦，應從最簡單、最緩和的開始，彈跳式、振動身體、負重的運動都應暫時避免。務必依個人體能狀況選擇適當的運動，尤其是剖腹產孕婦。切記不要太勉強或太累，做完運動要適當休息。多做增強腹肌耐力的訓練，有助讓鬆弛的腹部變緊實，防止脂肪囤積。

此外，運動前、過程中、結束後都要適度補水，以預防脫水而發生口乾舌燥、頭痛、心跳加快等情況。從低姿勢轉變為高姿勢時（如從蹲姿變成站姿），動作要緩要慢，避免瞬間起身造成的低血壓症狀。過程中，要注意呼吸的節奏與調節，用力時不要刻意閉氣，維持呼吸才能輔助肌肉的收縮。最後，是要避免做深度的彎曲與伸展關節活動，因為產後的肌肉、韌帶和關節仍很疏鬆，不是很穩定，比較容易拉傷或扭傷，傷害關節。

# 戰略6：從裡練到外的床上5運動

多動，指的是「多運動」，並不是「多勞動」。勞動會消耗一個人的體力與體能，運動則能幫助體力與體能的提升。坐月子期間完全不動或缺乏運動，會使腹直肌、骨盆底肌等肌群鬆弛，且容易發生便秘。相關研究亦已經證實，適度運動可以減輕腰痠背痛、與降低壓力值，最好的附加作用就是幫助身材與體態的回復。以下五個床上運動，坐月子期間也能放心動、認真瘦：

## 腹式呼吸運動

腹部是中醫所說的丹田，匯集了身上多條經脈，因此勤做腹式呼吸運動能夠在活躍腹部經絡的同時，增加肺部的通氣量，並達到自然按摩腹腔，增強腹部臟器的功能。

時機　產後第一天起。

目的　收縮腹肌。

動作說明　①仰躺於床上、全身放鬆，手腳自然擺放、伸直。

②用鼻子緩緩吸氣，讓腹部呈膨脹的狀態。

③用嘴巴慢慢呼氣，並收縮腹壁肌肉，讓肚子呈扁平狀

## 會陰收縮運動

依據中醫經絡理論，會陰位於任督二脈的起點，具有調節身體健康的重要功能，能疏通人體各條陽脈、陰脈的氣血運行。

**時　機** 產後第一天起。

**目　的** ①收縮會陰部肌肉，促進血液循環及傷口癒合，減輕疼痛腫脹。

②促進膀胱控制力恢復，有助縮小痔瘡。

**動作說明** ①仰臥或側臥都可以。

②吸氣時，縮緊陰道周圍及肛門口的肌肉。

③吸飽氣後、閉氣持續1至3秒。

④肌肉慢慢放鬆時、同步吐氣，重複5次。

## 胸部運動

中醫經絡學說，胃經循行經過乳房，而肝經通過乳頭，因此認為乳頭屬厥陰肝經，乳房屬陽明胃經。產後因耗氣傷血，造成乳房萎縮下垂，按摩乳房可強化肝經、胃經的運行，防止乳腺阻塞、乳腺炎。

**時　機** 產後第三天起。

目　的　恢復乳房彈性、預防鬆弛下垂。

動作說明

①仰躺在床上，雙手向左右兩側伸直，與肩成一直線。

②兩手向天花板方向伸直，於胸口正前方合掌。

③雙手放下，回復動作①的姿勢，並重複執行。

## 陰道肌肉收縮運動

經絡八脈的督、任、衝脈皆起於胞中，同出會陰，產後因會陰切開，破壞了會陰部氣血的運行，因此勤做陰道肌肉收縮運動，可幫助會陰部的復原，進而調整全身的氣血運行，促進產婦產後氣血恢復，對於尿失禁、便秘、痔瘡等都有改善的效果。

時　機　產後第四至五天起。

目　的　使陰道肌肉收縮，預防子宮、膀胱、陰道下垂，防止尿失禁。

動作說明

①平躺，雙膝彎曲使小腿呈垂直，二腳打開與肩同寬。

②臀部收緊、向上推高，並以肩部及腳板力量支撐（身體與床面呈直角三角形）。接著雙膝併攏，維持3秒。

③雙膝打開，臀部放下，重複10次。

## 腿部運動

腿部有足三陽及足三陰經通行，運動腿部可以暢通氣血，強化下肢肌肉肌力，改善下肢浮腫的問題。

**時　機**　產後第八至十天起（會陰縫補者須延至十四天後）。

**目　的**　促進子宮及腹肌收縮，並使腿部恢復較好曲線。

**動作說明**　①平躺於床上，手腳自然伸直擺放。
②右腳先向上抬起，盡量讓腳與身體呈直角。膝蓋不要彎曲，腳背下壓，停留數秒後放下。接著換左腳操作。左右輪流做5次。
③雙腳一起抬起，停留幾秒後再放下。
※抬腳時要用腹肌的力量，不能靠手出力。

# 戰略7：美化線條的助攻6穴道

中醫穴道按摩，可針對身體各個部位來修飾曲線，恢復窈窕。穴位按摩可以提高人體正氣，達到抵抗疾病效果，但必須持之以恆。進行穴道按摩之前，不宜處於飢餓或疲勞狀態，應要保持心情舒暢。以下穴道都可以在家自行指壓刺激，但如過程中有任何身體不適，都請向中醫師諮詢。選定預計按摩的穴位之後，可用食指、中指二指重疊或大拇指，以繞圈揉按的方式進行指壓。每個穴位每次按摩三至五分鐘，或先向左畫圈二十次，再向右畫圈二十次，力道由輕至重，由淺至深，再由重至輕，由深至淺，以此為一個循環，重複五循環，每天進行二至三次即可。

## 穴道1：合谷穴

※有引產功效，孕婦禁止針灸使用

■ **位置**：掌心虎口處，拇指、食指交界，靠近食指的位置。以另一手的拇指指關節、朝虎口按壓，會有痠脹感。

■ **功效**：增強頸部以上血液循環、防止黑色素沉澱、消除臉部浮腫。亦為解熱、鎮痛的穴道，可以治療臉、口的疾病，如牙痛、鼻病、喉嚨痛、感冒咳嗽。

**穴位** 掌心虎口處，拇指、食指交界，靠近食指的位置。

**功效** 增強頸部以上血液循環、避免黑色素沉澱與臉部浮腫。

## 穴道2：水分穴

■ **位置**：腹部中線上，位於肚臍正上方一寸距離。可用食指指腹按壓或揉按的方式進行按摩。

■ **功效**：促進新陳代謝，治療水腫、腹脹。可以促進排便，消除小腹，並可改善習慣性便秘、經期疼痛。

## 穴道3：天樞穴

■ **位置**：位於肚臍左右側各三指處。可採類似插腰姿勢，用左右手食指或中指指腹分別按壓或揉按兩側穴位。

■ **功效**：促進新陳代謝，調整腸胃不適，有助於緩解便秘情形，改善消化不良、胃脹、腹瀉等。

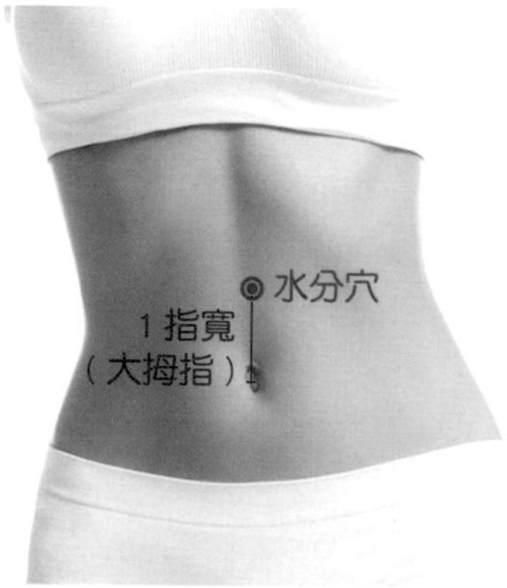


**穴位** 腹部中線上，肚臍正上方一寸的距離。

**功效** 促進新陳代謝、消水腫，促進排便，消除小腹。

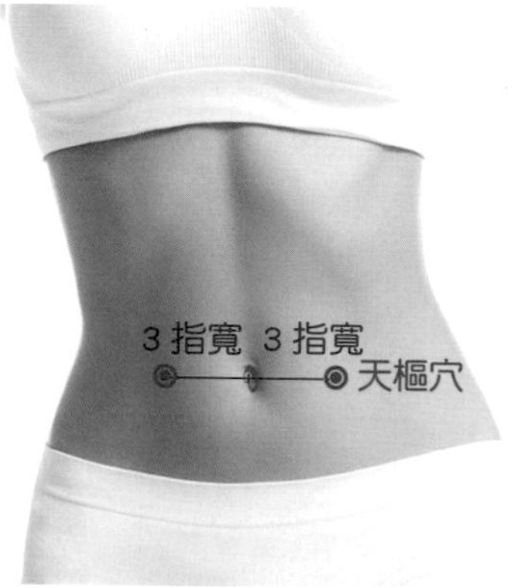


**穴位** 肚臍左右側各三指處。

**功效** 促進新陳代謝，緩解便秘情形。

## 穴道4：關元穴

■**位置**：腹部中線上，位於肚臍正下方三寸距離。可用食指指腹按壓或揉按的方式進行按摩。

■**功效**：有增補元氣，補腎益精之功能。強身、抗感冒。補腎氣、調整內分泌，使臉色明亮、白皙。

## 穴道5：足三里穴

■**位置**：正坐屈膝垂足，在膝部外側有一骨突，稱為外膝眼，直下方的三寸，距離脛骨約一橫指的地方（左右腳皆有）。可用指節進行按壓或揉按。

■**功效**：促進白血球增加，增強抵抗力。調整肝腎、內分泌功效、改善黑斑、使精神奕奕、臉部白皙又紅潤、有光澤。

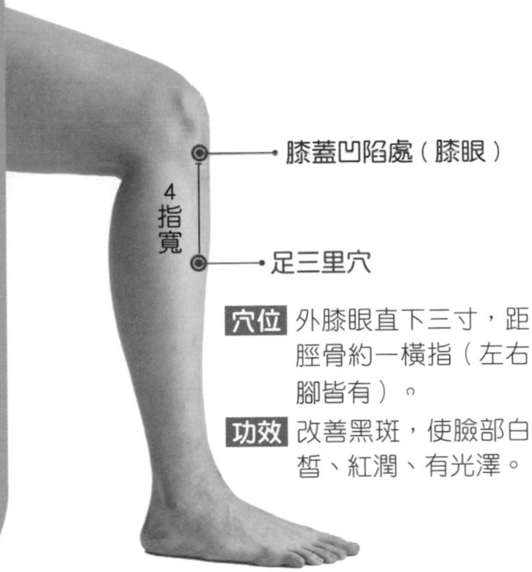


**穴位** 外膝眼直下三寸，距脛骨約一橫指（左右腳皆有）。

**功效** 改善黑斑，使臉部白皙、紅潤、有光澤。

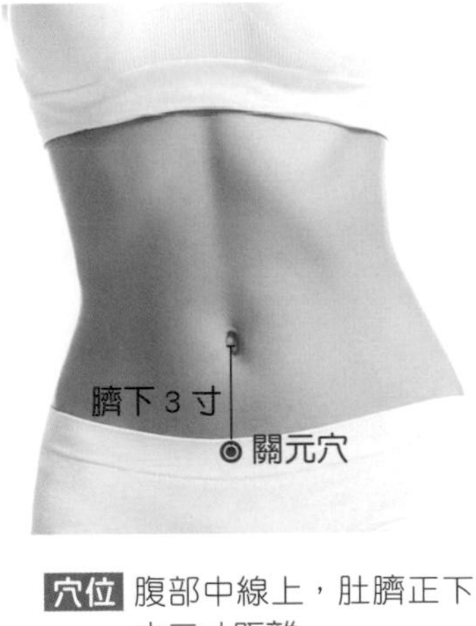


**穴位** 腹部中線上，肚臍正下方三寸距離。

**功效** 補腎氣、調整內分泌，使臉色明亮、白皙。

## 穴道6：委中穴

■ **位置**：後膝窩正中央橫紋上，兩條大筋中間（左右腳皆有）。可用指節或指腹進行按壓或揉按。

■ **功效**：美化曲線、消除臀部及大腿的橘皮組織，促進血液、淋巴循環。另有治療頭痛、背痛、下肢痛、腹痛、嘔吐、腹瀉的功效。

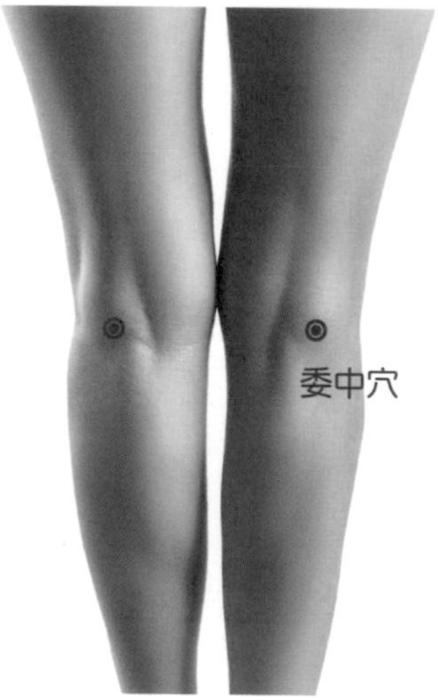


**穴位** 後膝窩正中央橫紋上，兩條大筋中間（左右腳皆有）。

**功效** 美化曲線、消除臀部及大腿的橘皮組織。

# 21

# 層出不窮的皮膚狀況

懷孕婦女在妊娠期間和產後都會經歷荷爾蒙的快速變化，造成長斑、冒痘痘、發疹等一連串皮膚問題。到底要如何才能有效恢復昔日光采，而不是一成為媽媽就注定成為黃臉婆，確實需要一些努力，利用中醫藥方、穴位按摩等方式，可以讓媽媽產後找回過去的美麗與自信。

## Q 明明睡眠充足，還是有黑眼圈嗎？

眼睛周圍的皮膚平均厚度很薄，約只有0.5公釐，加上眼周皮膚分布的毛細血管少，長期勞累、睡眠不足、用眼過度、負面情緒等，都很容易導致眼周血液循環變差，進而形成黑眼圈。對於產婦來說，照顧新生兒、哺乳等都讓人手忙腳亂、身心疲憊，新手媽媽更是如此。

產婦通常無法避免一段時間的睡眠不足、日夜顛倒，黑眼圈似乎也比平常更明顯。其實，在黑眼圈形成的初期，眼周微循環只是暫時性的受阻，依靠眼部肌膚自身的調節能力，黑眼圈會逐漸消退。

隨著眼疲憊造成的損傷時間延長，甚至超過半年以上，眼周微循環功能將持續減弱，調節能力跟著減弱，黑眼圈要改善就相對不容易了。

## 好孕續 TIPS 促進眼周循環的 2 穴道

### 絲竹空穴

**位置** 雙側眉毛尾端凹處

**功效** 促進血液循環，淡化黑眼圈，緊緻臉部

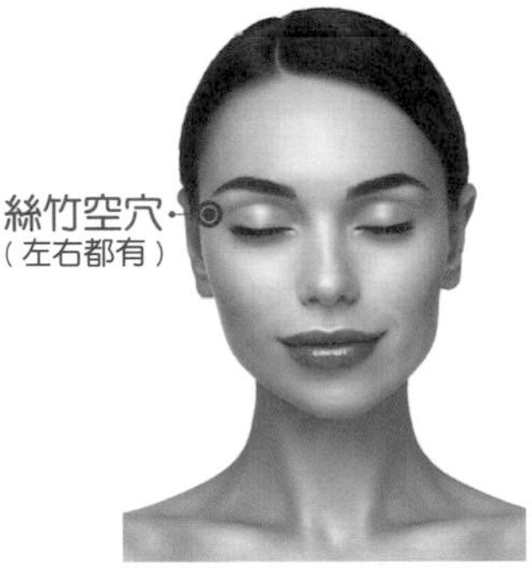


### 迎香穴

**位置** 鼻翼兩側外緣，旁約半寸處

**功效** 促進眼部血液循環、防黑色素沉澱

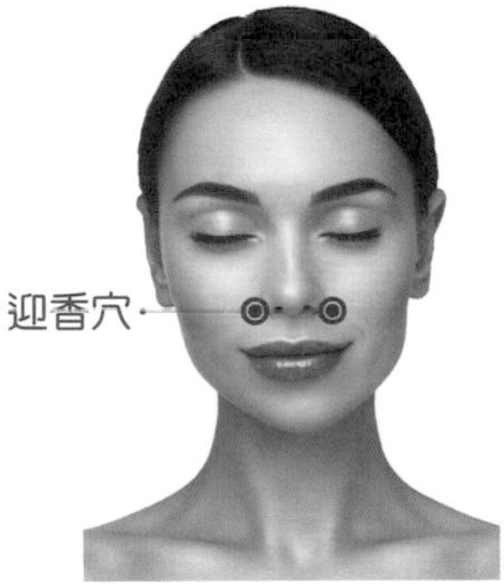

## Q 如何告別孕斑與黑色素沉澱？

多數孕婦在懷孕四、五個月開始，在顴骨、眼眶及口唇周圍會出現邊緣不規則的棕黑色斑塊，平日沒有注重防曬的孕婦，情況通常會更為嚴重。這種因懷孕期間體內荷爾蒙變化而造成的斑塊稱為「孕斑」，部分產婦在產後斑塊會消退，部分則會持續不退，除了臉以外，在腋下、乳頭、乳暈、胯下等皮膚也會有黑色素沉澱的情況，很多孕婦或產婦總是為此煩心不已。

以中醫觀點來看，皮膚黯淡無光、產生斑點，多與肝、脾、腎等臟腑有關，其中肝的影響最大。中醫所指的肝，有部分是與情緒有關，懷孕時期壓力過大、緊張，或產後憂鬱、惡露沒有排盡，都會導致肝氣鬱結，氣血不暢，進而表現在皮膚上。曾經有位懷孕六個多月、懷第二胎的孕婦，因臉部嚴重黑斑來就醫，她說自己生第一胎時並無異狀，這胎臉上卻不斷冒出黑斑，懷疑是不是身體有什麼毛病。後來我開了養肝湯，情況就好轉了。

好續孕 TIPS

## 淡斑美白 2 茶飲

### 何首烏除斑茶

| 枸杞 | 黃耆 | 當歸 | 杜仲 | 何首烏 | 黑豆 |
|---|---|---|---|---|---|
| 40 克 | 30 克 | 20 克 | 20 克 | 20 克 | 20 克 |

**作法** 將所有材料洗淨後，放入 1000 C.C. 清水中煮沸，去渣之後可飲用

**作用** 補養氣血，滋養肝臟，增進肝臟排除毒素，達到祛斑效果

### 薏苡仁美白甜品

| 薏苡仁 | 蓮子 | 茯苓 | 山藥 |
|---|---|---|---|
| 30 克 | 40g | 12 克 | 150 克 |

**作法** 將所有材料洗淨後，放入 1000 C.C. 清水中，以電鍋蒸煮即可。煮熟後，可直接飲用或加糖調味

**作用** 美白、淡斑、養顏美容

## Q 狂冒痘痘該怎麼辦？

懷孕時間的荷爾蒙變化，不但會在孕婦臉上造成斑點，還可能會臉泛油光、猛冒痘痘。孕期冒的痘痘通會集中長在臉頰下半部，若本來就是會長痘痘的體質，懷孕之後更會變本加厲，要是產後、坐月子期間，進補藥膳、麻油雞、米酒吃太多，來者不拒，恐怕會因為上火而越長越多。

在這種狀況下，同樣要以改善膚質為優先，首先要注意的是睡眠是否充足，產後壓力的釋放有無適當的管道，情緒調節好，才能避免肝氣不舒，氣血瘀滯。同時再搭配中藥茶飲及穴位按摩，就能輕鬆調理膚質。多按摩臉部可使面部經絡血液循環順暢，養顏潤膚，使肌膚柔滑、細嫩、白皙亮麗。

## Q 吃什麼可以消除妊娠紋？

約八至九成的孕婦首次懷孕就會有妊娠紋。有些人在懷孕七至八個月出現，少數人在懷孕三個月左右就出現了。妊娠紋產生的部位大多在在腹部、大腿內側、臀部和乳房周圍，分布範圍可大可小。

最可怕的是，這些紋路一旦產生，尤其是變成銀白色的永久性痕跡後，便很難再消除了。控制孕期體重可以減少妊娠紋的發生，每周增加0.2至0.3公斤、孕期不超過十二公斤最適合。

目前醫學上還沒有一個確定有效的改善妊娠紋方法，最好的方式就是防患於未然，預防勝於治療。從懷孕開始，每天早晚塗抹一些保溼潤膚乳液，在容易出現妊娠紋的部位，並搭配輕柔按摩，減少皮膚張力，增加皮膚表皮層和真皮層的彈性，讓局部皮膚獲得舒展。不過，要留意市售含有果酸、維生素A的妊娠除紋霜，孕期要避免使用，以防止畸胎的可能性。

產後，可以搭配中藥藥膳來調理，改善妊娠紋的嚴重度。飲食則要攝取富含膠原蛋白的食物，以修補被急速撐開的皮下組織。玉竹、黃精有潤澤肌膚、延緩衰老的功效，海參屬高蛋白、低脂肪且富含膠質的食物，搭配這幾味中藥做成的藥膳食療，有助滋潤皮膚、促進代謝、消除斑紋，且對產後婦女體質調養也有幫助。

## 好孕續 TIPS 淡化妊娠紋的藥膳湯

**玉精排骨湯**

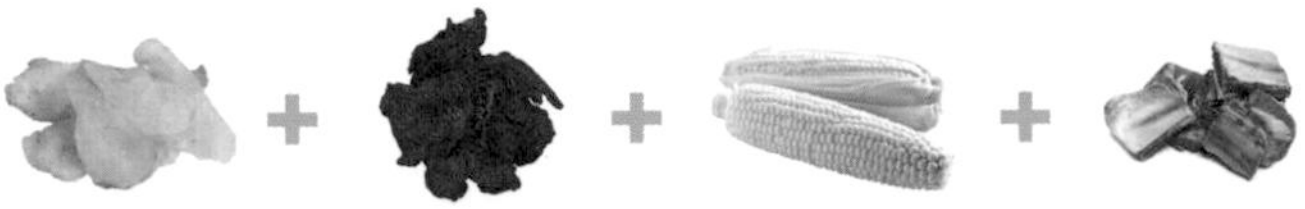

玉竹 2錢 + 黃精 2錢 + 玉米 2穗 + 排骨 半斤

**作法** 將玉米洗淨切段備用。排骨洗淨，汆燙去血水，撈起備用。將處理好的玉米、排骨，連同玉竹、黃精，放入燉鍋，加水至淹沒材料。燉煮約 40 分鐘或至排骨熟透，加適量鹽調味

# 如何挽救產後「走山的胸部」？

孕期，為了替哺乳做準備，乳腺會增大，胸部漸漸脹大，乳暈跟著變大，乳頭顏色也會加深，所以從懷孕時期就要開始注意保養胸部，除了要選擇合適的內衣，提供足夠支撐，預防外擴與下垂。時常使用乳液或嬰兒油按摩胸部，讓胸部的皮膚保持彈性，如此一來，能避免胸部脹大、拉扯皮膚，在乳房部位出現討人厭的妊娠紋。

產後，要注意保持乳腺通暢，以維持乳汁分泌充足，斷奶後更要注意保養，防止萎縮下垂。搭配合適的哺乳內衣，給予胸部適當支撐、充分的休息與睡眠，都有助預防產後胸部變形。

飲食部分，可以多吃蛋白質含量豐富的食物，如肉類、蛋、豆類及富含膠質的食物（如海參、蹄筋、雞翅、雞爪等），並透過蔬果類補充維生素、礦物質。同時搭配中醫藥膳食補，就更好了。

海參的營養價值高，屬於低脂高蛋白食物，此外，礦物質與膠質、黏多醣含量也很豐富，很適合做為產後修復的食材。

# Q 產後狂掉髮，我會禿頭嗎？

孕婦荷爾蒙分泌影響著頭髮的新陳代謝。每人每天掉落50至60根頭髮，都算正常範圍，但懷孕時體內雌激素增高，會抑制脫髮，待生產完、雌激素恢復正常後，在孕期已老化卻未掉落的頭髮便會開始脫落，因此產婦會有掉髮變多的錯覺，擔心有禿頭的危機。其實，大概產後三到六個月內就會改善。

## 飲食與藥膳加速恢復

中醫認為「髮為血之餘」、「腎主骨，其榮在髮」，生產期間失血耗氣，血虛津虧就會造成脫髮或頭髮枯黃、分岔、無光澤。同時，產後壓力大、憂鬱，肝氣不舒，也是掉髮原因。若不想讓掉髮情形加重，產後必須注意飲食均衡，多補充蛋白質、新鮮蔬果、豆腐、海帶、黑芝麻等。

產後掉髮尤其需要留意產後營養的補充，有助改善症狀的常見食物包括豆腐、海帶、黑芝麻。

除此之外，不要過度在意產後掉髮的問題，以免帶來更大的心理負擔。另可搭配中藥的藥膳、茶飲來減緩掉髮，並調理身體。

## 促進毛囊重生的2個按摩

頭部按摩可以促進頭部血液循環，促使毛囊新陳代謝，讓其恢復生長。以雙手五指指腹從前額髮際處向後腦杓來回按摩約20次，使頭皮有發熱感，或以手指輕輕拍打頭部，讓頭皮放鬆，由前到後往返10次。上述兩方法早晚各做一次，每次五至十分鐘即可，動作要輕柔，達到讓頭皮放鬆的作用，且要注意手指甲不可過長，以免劃傷頭皮。

好孕續 TIPS

## 預防落髮的藥膳飲

**淮山芝麻飲**

淮山
5片

＋

黑芝麻
3大匙

＋

紅糖
適量

＋

即溶燕麥
4大匙

**作法** 將所有材料用食物調理機磨碎，加入350 C.C.熱水中調勻飲用。

**作用** 滋潤肌膚、防止落髮、改善便秘

# 延緩膚況衰老的凍齡秘密

古今中外，女人一輩子的煩惱，離不開減肥、美容、抗衰老，愛美是女人的天性，每個人都喜歡美麗的事物。常有門診患者覺得我看起來比實際年齡年輕，問我「吃中藥是不是能延緩膚況衰老，達到凍齡的效果？」希望我可以推薦一些有用的秘方給他。

其實，我保養的關鍵除了用漢方來保養肝腎，保持愉快的心情也很重要，認識我的人都知道，我喜歡交朋友、與人聊天，多少會減少臉上長斑、長痘、長皺紋。中醫觀點認為，女子以肝為先天，肝可以調節情緒，愛生氣的人，肝也常常生氣，肝氣不暢，臉上就容易長斑、黑色素沉澱，看起來就比較黯沉、無光，唯有讓肝產生愉悅感，肝氣通暢，臉上就會有光，月經也會比較規律。

此外，藥食同源一直是我飲食的習慣之一，像是山藥燉雞腳有助皮膚保溼，山藥滋陰補腎，滑滑嫩嫩、帶有黏液的口感，就像天然的保溼精華露，再搭配含有豐富膠原蛋白的雞腳，可以讓皮膚變得Q彈有光澤。中藥材有很多可以美白保溼的成分，如薏仁、益母草、珍珠粉、玉竹、黃精、山藥、茯苓等。

其中，益母草是武則天御用的神仙玉女粉，據說武則天直到六十歲仍皮膚白皙、水嫩，看起來就像三十幾歲，現代藥理研究也發現，益母草確實是可以預防黑色素的形成，有淡斑美白的作用。黃精自古以來就被視為延緩衰老、延年益壽的美容聖品，可以補肝腎，滋養腎精，腎精充足便可調理內分泌、滋潤皮膚。

神農氏嘗百草的精神與智慧經現代研究證實，補腎中藥可調節內分泌系統。中藥方的「二精丸」中就含有黃精加枸杞子，主要功效正是活血、青春駐顏。

黃精也有延緩衰老、延年益壽的功效。

益母草是武則天御用的神仙玉女粉，現代藥理研究也發現，益母草確實可以預防黑色素形成，有淡斑美白的作用。

備孕、養胎、坐月子
# 中醫調理照護全書


作　　者 | 陳潮宗
選　　書 | 林小鈴
主　　編 | 陳雯琪
文字整理 | 蔡意琪

行銷經理 | 王維君
業務經理 | 羅越華
總 編 輯 | 林小鈴
發 行 人 | 何飛鵬
出　　版 | 新手父母
臺北市中山區民生東路二段141號8樓
電話：02-2500-7008　　傳真：02-2502-7676
E-MAIL：bwp.service@cite.come.tw
發　　行 | 英屬蓋曼群島商家庭傳媒股份有限公司城邦分公司
臺北市中山區民生東路二段141號11樓
書虫客服服務專線：02-2500-7718；02-2500-7719
24小時傳真專線：02-2500-1990；02-2500-1991
服務時間：週一至週五上午09:30～12:00；下午13:30～17:00
讀者服務信箱：service@readingclub.com.tw
劃撥帳號 | 19863813　戶名：書虫股份有限公司

香港發行 | 城邦（香港）出版集團有限公司
香港灣仔駱克道193號東超商業中心1樓
電話：852-2508-6231　　傳真：852-2578-9337
電郵：hkcite@biznetvigator.com
馬新發行 | 城邦（馬新）出版集團 Cite(M) Sdn. Bhd.
41, Jalan Radin Anum, Bandar Baru Sri Petaling,
57000 Kuala Lumpur, Malaysia.
電話：603-9057-8822　　傳真：603-9057-6622

封面設計 | 劉麗雪
內頁設計・排版 | 吳欣樺
製版印刷 | 卡樂彩色製版印刷有限公司

初　版 | 2022年09月15日
定　價 | 500元
ISBN | 978-626-7008-23-2
EISBN | 978-626-7008-27-0（ePub）

城邦讀書花園
www.cite.com.tw
Printed in Taiwan

國家圖書館出版品預行編目資料

備孕、養胎、坐月子,中醫調理照護全書／陳潮宗著. -- 初版. --臺北市：新手父母出版：英屬蓋曼群島商家庭傳媒股份有限公司城邦分公司發行, 2022.09

面；　公分

ISBN 978-626-7008-23-2（平裝）

1.CST：懷孕　2.CST：妊娠　3.CST：婦女健康　4.CST：中醫

429.12　　111011984